リズムの生物学

柳澤桂子

講談社学術文庫

目次

リズムの生物学

1　天体の動きと生物

夜が白々と明けるころ、小鳥たちは光を感じてさえずりはじめる。樹々は、音こそ立てないが、やはり光を感じて、いろいろな化学変化を起こしている。日本の緯度とおなじ位置にある地域では、一平方メートルあたり、平均約二〇〇ワットの太陽光を受けるという。地球上の多くの生物の生活を、太陽と切り離して考えることはできないであろう。

天体としての地球

朝日が昇り、夕日が沈むという太陽の日周期は、地球が自転しているために生じるものである。地球は、太陽から一億五〇〇〇万キロメートルほど離れたところにある。太陽を出た光は、約八分二〇秒後に地球に届く。地球は、太陽のまわりを楕円の軌道を描いてまわっている。これが公転である。地球の公転の周期が一年である。

地球の南北軸、すなわち地軸は、公転の面に対して二三・五度だけ傾いている。この傾きのために、公転の軌道上の地球は、その位置によって、太陽光線が地球にあたる角度が変わってくる。

地面にあたる日射量は、太陽が真上から照るときに一番大きく、地平線に近づくにつれて小さくなる。さらに、太陽の光が真上からくるときと、地平線方向からくるときとでは、通過する大気の層の厚さに大きな差ができる。光線が地平線方向からくるときには、大気に吸収される光が多く、それだけ日射量は少なくなる。

その結果、北半球では冬の日差しは弱く、夏の日差しが強くなる。このようにして四季が生じる。また、地軸の傾きのために、季節によって一日の長さがちがってくる。夏至には、北にいくほど昼が長く、北極では白夜となる。冬至には逆に、北にいくほど夜が長くなる。

月は約一ヵ月の周期で地球のまわりを公転する。私たちが見ているのは、月が反射した太陽の光が地球に届いたものであるが、月が地球のまわりをまわるために、月の満ち欠けがおこる。地球上に住む生物は、これらの天体の周期的な変化の影響を受けて生きている。その中でも私たちが一番強い影響を受けるのが日周期であろう。

地球ができたばかりの頃は、大気の中には酸素が非常に少なかったと考えられている。やがて藍藻《らんそう》類というクロロフィル（緑色の色素タンパク質）をもつ細菌が出現する。クロロフィルは太陽のエネルギーを捕捉し、細胞の中でおこなわれる化学反応のエネルギーを供給することができる。藍藻類は、炭酸ガスと水とを外から取り込んで、太陽のエネルギーを使って栄養物を合成する。そして廃棄物として、酸素を放出する。

今から三五億年以上前に、地球上に生命が芽生えたとき、最初に出現したのは、原核生物と呼ばれる一群の生物であったと考えられている。それから一七—一八億年の年月が流れ、今から一八億年くらい前に、真核生物と呼ばれるやや進化した生物群が出現したらしい。その真核生物の中に、藍藻類を細胞の中に取り込んで共生するものがあらわれたと考えられている。

このような藍藻類は、真核生物の寄生生物であるが、やがては葉緑体となって、植物細胞の中の小器官の一つとして、代々子孫に伝えられることになる。植物は、炭酸ガスと水を取り込み、葉緑体の助けをかりて光合成をおこなう。ブドウ糖などの栄養物をつくって酸素を放出する。

地球上に植物が増えてくると、放出される酸素も増える。酸素原子が二つ結合すると、私たちが呼吸で吸い込んでいる酸素になるが、三つ結合したものはオゾンである。オゾンは、地球を取りまく大気圏にオゾン層をつくって、太陽からとどく紫外線を遮断する。

紫外線は、細胞の中のＤＮＡに傷をつけるので、生物には強い毒性をもつ。酸素が少なく、太陽からとどく紫外線の強かった初期の地球では、生物は紫外線のとどきにくい水の中で生活しなければならなかった。地球上に酸素が増えて、紫外線が少なくなると、生物は陸でも生活できるようになる。最初に陸に上がった動物は、カエルなどの仲間の両生類であるが、それは今から五億年ほど前のことであった。

このように、生命が地球上に生まれた瞬間から、太陽と海は生命と深くかかわっていた。それから三五億年以上の時間が経過した今でも、地球上の生物は太陽の光を受け、潮の流れに洗われて生きているのである。

生物の体内時計

私たち人間は、昼間活動して、夜眠る昼行性の動物である。これとは逆に、ゴキブリのように夜行性の動物もある。植物でも、オジギソウやネムノキは日が暮れると葉を垂れる。

春の野に咲くタンポポの花は、光と温度の両方に反応する。暗い所でも、温度が高くなると花を開くが、光は開花を促進する。

東京の四月くらいの気温では、朝六時にはタンポポの花はまだ眠っている。よく晴れた日であれば、八時頃には花はなかば開き、一〇時には、花弁を開けるだけ開いて、日の光を浴びる。しかし、一二時には、花弁はやや力を失って、午後二時には花を閉じてしまう。

コウモリは特に寒い地域をのぞき、ほとんど世界中に分布している哺乳類である。大部分の種のコウモリは、食べ物の豊かな熱帯の森をすみかとしている。熱帯の空が夕日で真っ赤に燃えるとき、空が暗くなるほどのコウモリが飛び立っていく。いれかわりに鳥たちはねぐらに急ぐ。

コウモリの中には、目を使って果物をさがすものや、超音波で虫をさがして食べるものなどがあるが、いずれも暗闇の中で活動し、昼間は洞穴などの暗い所で休んでいる。

マウス（ハツカネズミ）を飼育箱に入れて、その中に回転車をセットしておく。するとマウスは回転車に乗って、手と足で車をまわしながら、ちょうど土の上を走っているような運動を続ける。この回転車の回転数を電気的に記録できるようにしておくと、マウスは、普通の日周期の条件では、暗いときに車をまわし、明るいときには休んでいることがわかる。日が暮れて暗くなると回転車をまわし、明るくなると休むというように、二四時間の周期を繰り返している。

この実験結果は、マウスが光に反応して回転車をまわしたり休んだりしていることを示しているように見える。しかし、マウスを四六時中明るい所や暗い所においても、何日もの間、この二四時間の周期性は保たれる。この周期性を生み出す仕組みは、どうやら、光刺激ではなく、マウスのからだの中にあるように見える。

おなじような実験は、ラット（シロネズミ）やゴキブリ、オジギソウ、その他の生物でおこなわれ、いずれの場合にも、光の条件を一定にしても二四時間の周期性が持続的にあらわれることがわかった。

しかし、これらの生物を、さらに続けて光の変化のない状態におくと、周期性は二四時間から次第にずれて、その生物に特有の時間に落ちつく。ヒトでは、この時間は約二五時間である。ラットでは、二三時間から二五時間まで、個体ごとに少しずつ異なるという報告がある。多少の差はあるが、どの生物も二三時間から二八時間の固有のリズムをもつことがわかる。

このような日周期に近い周期性をサーカディアンリズムと呼ぶ。サーカというのは、ラテン語のキルカに由来する言葉で、「ほぼ、ほとんど」の意味である。ディアンは、ラテン語の一日という意味をもつディエスに由来する英語の形容詞形である。したがって、サーカディアンリズムは、ほぼ一日のリズムということになる。

これら一連の実験結果は、光刺激とは関係なく、その生物に固有のサーカディアンリズムを刻む時計が、各生物の体内にあることを示している。それにもかかわらず、これらの生物が、正常な日周期の中では二四時間のサーカディアンリズムを示すということは、それぞれの生物の体内時計は、外からの光に反応して、外部の日周期と同調できるということを示している。

日常生活では、私たちは時差ボケという形で体内時計の存在を感じる。一五二二年の夏、すでに隊長マゼランを失った探検隊は、やっとの思いでヴェルデ岬諸島にたどりついた。アントニオ・ピガフェッタが三年間、きちょうめんにつけてきた日記によると、その日は七月九日、水曜日であった。ところが、島に住むポルトガル人は、七月一〇日、木曜日だといった。どこかで一日ずれてしまったのである。このように移動に時間のかかっていた時代には、時差ボケは感じられなかった。

ジェット機があまりに速く飛ぶために、私たちの体内時計は時差についていけなくなる。やがて、からだが慣れるという形で、私たちはその土地の時間に合わせて眠れるようになる。これは同調の例である。同調は引き込み現象と呼ばれることもある。繰り返される刺激によって、一つの周期をそれとは異なった周期に引き込むということが体内で起こるのである。

生物たちは、それぞれ自分の体内にサーカディアンリズムを刻む時計をもちながら、天体の運行の周期に同調して生きている。

季節と生物

地球上の動物の中には、季節によって変わった行動をとるものがある。季節によって体色を変えるもの、冬眠するもの、あるいは暖かい地方に移動するものなど、いろいろである。植物では、季節による変化が大きいものが多い。動物の移動の中では、鳥の渡り、サケの回遊、ヌーの集団移動などが大がかりである。

ミャオ、ミャオと猫に似た鳴き声を出すウミネコは、尾羽の黒いカモメの一種である。夏の暑い間は、北海道からサハリンあたりの北の地方で過ごし、気温が下がりはじめると、関東、東海地方と南下して九州まで移動する。春になると、繁殖のために北海道の天売《てうり》島、青森県の蕪《かぶ》島、島根県の経《ふみ》島などにもどってくる。

二月の下旬、まだ陸地には春の気配すら感じられないある日、突然にウミネコの大群が繁殖地めざして飛んでくる。静まり返っていた冬の海は、突如として騒がしくなる。

ウミネコたちは、昼間は島の陸上で過ごし、日暮れになると海に帰っていく。翌日はまた日の出とともにいっせいに飛び立って島に舞い降りる。このような日ごとの行動を一ヵ月あまりも繰り返して、四月上旬になって陸地があたたかくなると、夕方になっても海に戻ることなく、枯れ草を集めて巣をつくりはじめる。

せまい島に数万羽のウミネコがやってくるので、海岸の岩の突き出た砂地はウミネコだらけになる。この過密状態の中で雌は卵を産み、雌雄が交代であたためる。

五月には雛がかえり、四六日くらいで、突然巣をあとにして海上へ飛び立っていく。七月の間にはすべてのウミネコが北へ去り、島に静寂がもどる。ウミネコの移動範囲は、渡り鳥にくらべて小さい。ウミネコの場合は、渡りというよりは、季節によって少し場所を変えているにすぎないが、それでも太陽の影響を大きく受けている。

渡りをする鳥の種類はかなり多く、鳥の大きさから考えると、移動する距離は驚くほど大きい。中でも、移動距離の長い鳥の一つであるキョクアジサシは、毎年三万二〇〇〇キロ以上の距離を飛んでいる。毎年五月頃に繁殖地である北極圏のツンドラ地帯を出発して、南に向かって飛び、赤道を越えて南極圏に達し、翌年の春にはふたたび北極圏に戻る。

多くの渡り鳥は、太陽の位置をもとに移動の方向を決めていると考えられている。太陽は、時々刻々とその位置を変えていく。実験的に、人工太陽を使って動かないように固定しておいてムクドリを飛ばすと、ムクドリは、固定された太陽に対して左回りに向きを変えていくことがわかった。これは、実際の太陽が動く分だけ、ムクドリが飛ぶ方向を補正することを示している。

渡り鳥の体内時計にも、サーカディアンリズムの時計とおなじように、同調の現象がみられる。いろいろな実験から、渡りの際の太陽の動きとの角度補正に使われている体内時計も、サーカディアンリズムの体内時計と同一のものではないかと考えられている。

月と潮と生物

太陽の周期との同調ばかりでなく、月の影響も無視することはできない。月の光を受けて渡りの飛翔をするガン、カモなどの鳥もある。

海辺の生物は潮の満ち引きに合わせて生活している。潮の満ち引きによって、水をかぶったり露出したりする地帯を潮間帯《ちょうかんたい》と呼ぶ。潮間帯では、冠水と露出が毎日規則正しく繰り返されている。ここでは、潮が引いていくときに波にさらわれないように、磯の生物は岩に固着している。また水から出ている間にからだが乾いてしまわないような工夫も必要である。

岩に固着して生活しているカメノテやイワフジツボは、潮が満ちてくるとプランクトンなどを食べるが、潮が引いてからだが水の上に出てしまうと、殻を閉ざして乾かないようにしている。逆に、カニの類の中には、満ち潮のときには砂の中にもぐっていて、潮が引くと砂の上に出て食物を食べるものもある。

ヨロイイソギンチャクは、岩場の窪みなどに固着し、潮が引いたときには、窪みの中にからだをかくし、表面に貝殻や小石などをつけて、目だたないようにカモフラージュしている。カメノテはかたく殻を閉じ、オオヘビガイはしっかりと殻を岩にくっつけて、からだを縮めている。

潮間帯に潮が満ちてくると、ヨロイイソギンチャクは窪地から岩の表面にからだをのばす。たくさんの触手を波打たせて、中央にある口に向けて小魚などを取り込んで食べる。カメノテは水の中では蔓のように変形した六対の脚をのばして、プランクトンなどをつかまえる。オオヘビガイもからだをのばして殻から出て、クモの巣のような糸を張る。その糸にひっかかったプランクトンなどをつかまえて、糸をたぐりよせて食べる。

海の生物の繁殖も、潮の干満の周期や月の周期と密接な関係をもっている。ヒサラガイは、夏の大潮の明け方の、潮が最高に満ちてくる直前の時刻の三〇分以内という短時間に集中して卵と精子をいっせいに海水の中に放出する。

ヒサラガイは、潮の干満と夜明けという二つの周期に同調して繁殖行動をおこなっていることになる。ヒサラガイの繁殖周期についていろいろ調べてみると、二四時間周期の明暗と、一二・四時間周期の潮の干満の両方に反応して繁殖の時間を設定する能力のあることがわかった。

ウニやナマコなどの棘皮《きょくひ》動物の中にも卵と精子を海水中に放出するものがあるが、放出の時期に半月の周期性がみられる。これらの動物では、雌雄が卵と精子を放出する時間を合わせなければならないので、何らかの体内時計によって調整していると考えられる。種のちがった動物は、それぞれ異なった時間に卵と精子を放出するらしいということもわかってきた。

このような動物の中で、時刻をいちばん厳密に守っているのがニッポンウミシダである。この卵と精子は、一年に一度、一〇月の初旬から中旬の上弦か下弦の月の日の午後三時から四時の間にいっせいに放出される。

オーストラリアのグレートバリア・リーフでは、四〇〇種をこえるサンゴが、一〇月から一二月の満月のあと、二—六日目の夜にいっせいに卵と精子を放出する。南半球にあるこの地域では、この時期は春にあたる。海水が繁殖に適した温度になるのがこの時期に限られるために、そこに集中して卵と精子が放出されるらしい。四〇〇種もの卵と精子がまちがいなく自分の種を識別するには、どのような工夫がされているのであろうか。

このほか、魚、カニ、ゴカイ、昆虫の中にも、月の周期や潮の干満の一定の時期に産卵するものが知られている。

六億年も前に生息していたサンヨウチュウの子孫とされているカブトガニは、二億年もの間進化から取り残されていて、生きた化石と呼ばれている。日本では、瀬戸内海と北九州の一部の海岸に住んでいる。

このカブトガニが成長して一五歳くらいになると、雌と雄が一つに合体して暮らすようになる。小さな雄は、雌の甲羅にしっかりとつかまる。このようにして雌雄一体となったカブトガニは、このまま海底を這ったり、水中を泳いだりして、餌をつかまえて生きていく。カブトガニは胸に生えた肢で砂を掘り、ゴカイや二枚貝を食べる。雌と雄はおたがいに餌をわけ合って仲良く暮らす。そして七月の大潮の満潮の深夜、雌雄は一体のまま、海岸の砂浜に行く。

水の深さが三〇―一五〇センチくらいの所を探して、雌は深さ一〇―二〇センチの穴を掘り、この中に直径三ミリくらいの淡黄色の卵を産む。一つの穴の中に三〇〇―六〇〇個の卵を産み、雄は卵に向かって精子を振りかける。それが終わると、雌は砂をかけて卵を埋め、少し離れた所にまた穴をほって卵を産む。このようにして一晩に五―一〇ヵ所に卵を産んでいく。

やがて潮が引くと、卵を産みつけられた砂地は水から外に出ることになる。そして、次の満潮まで長時間にわたって太陽の熱と砂の熱にあたためられて、カブトガニの卵は発育していく。

このように見てくると、生物がいかに宇宙のリズムに合わせて、そのふところの中で生きているかということがうかがえるであろう。

2　サーカディアンリズムの進化

動物ばかりでなく、植物もサーカディアンリズムを示すことはすでに述べた。高等な動物や植物ばかりでなく、単細胞生物にもサーカディアンリズムを示すものがある。

生命は、今から三五億年以上前に海の中で生まれたと考えられている。そのころの海水は、今よりもずっと温度が高く、宇宙からは紫外線や放射線がふんだんに注がれていた。また、雷の放電などによるエネルギーも海の中に放出された。宇宙空間で爆発して飛び散り、海の中に落ちた星くずに、これらのエネルギーがあたえられて、最初の生命が生まれたのであろうと考えられている。

生命の誕生以来、つねに太陽や月の動きの影響下にあった生物が、進化のごく初期からサーカディアンリズムをもっていたとしても不思議ではない。サーカディアンリズムをもたないと考えられている生物は、深海や深い洞窟内の生物、それに細菌などの核をもたない下等な単細胞生物（原核生物）だけである。

原核生物とサーカディアンリズム

ところが原核生物の中でも、藍藻類はサーカディアンリズムをもつことが知られている。発光細菌から発光物質ルシフェラーゼの遺伝子を取り出して、藍藻類の一種であるシネコッカスに導入する。

藍藻類は光合成をする生物であるので、光合成に関する遺伝子の部分（プロモーターの下流）にルシフェラーゼの遺伝子をつないでみた。これで、ルシフェラーゼの遺伝子は、光合成の遺伝子とおなじ支配系統に入るので、光合成の遺伝子が働くときには、ルシフェラーゼの遺伝子も働いて光を出すはずである。

実際に、ルシフェラーゼの遺伝子を組み込まれたシネコッカスは、サーカディアンリズムをもって光を発した。このシネコッカスを光の状態の変化しない条件に移しても、発光のサーカディアンリズムはなくならなかった。この実験から、シネコッカスの光合成は、光の変化による受動的なサーカディアンリズムを示すのではなく、細胞内時計によるサーカディアンリズムにしたがっていることがわかる。

緑藻類のサーカディアンリズム

真核生物の中でもっとも下等な部類に属する緑藻類のゴニオラックスというプランクトンも、サーカディアンリズムを示す。

ゴニオラックスは真核生物ではあるが、藍藻類とおなじように単細胞生物で、葉緑体をもっていて、光合成をおこなう。増えるためには細胞分裂もする。さらに、青い光を発する生物発光もおこなう。光合成、分裂、発光の三つの営みを二四時間周期で繰り返している。

約五万匹のゴニオラックスを一本の小さな瓶に入れて飼ってみよう。五万匹のゴニオラックスは、朝日を受けていっせいに光合成をはじめ、やがて細胞分裂をして青い光を発する。

ゴニオラックスを光のない所におくと、この周期は二三時間になる。瓶を暗い所に移す時間を少しずつずらすことによって、瓶ごとに周期の位相をずらすことができる。

たとえば、Aという瓶を、午前九時に暗い所に入れる。Bという瓶は午後三時に暗い所に入れるとすると、瓶Aと瓶Bの中のゴニオラックスは、それぞれのサーカディアンリズムにしたがって、六時間の位相のずれで青く光る。光のないところでは、光合成はおこなわれないが、青い光は出すので実験につごうがよい。

それぞれの瓶の中のゴニオラックスは、五万匹がいっせいに光を発するのであるが、それらの細胞の間には何かの連絡があるのであろうか。

瓶AとBのゴニオラックスの一部を取り出して、瓶Cの中に入れてみる。すると、瓶Cのゴニオラックスは、二三時間の間に二回青く光ることがわかった。その時間差は六時間である。

この実験から、瓶の中の細胞がおたがいに連絡しあって同時に光っているのではなく、一匹ずつのゴニオラックスの中にサーカディアンリズムを発する時計があるのであろうと推論することができる。生物は、進化の非常に早い時期に時計をもつようになったのであろう。サーカディアンリズムは、このような下等な生物から、ヒトのような高等な生物にまで見られるが、リズムを制御する機構は、どの生物種でもおなじかどうかはわからない。

もっと高等な動植物では

チシャ（サラダ菜）の種子に発芽に十分な湿度と温度をあたえても、一定の波長の光があたらないと発芽しない。ここで光に反応するのは、フィトクロムと呼ばれる青い色素（タンパク質）であることがわかっている。

青いフィトクロムに赤い光（波長が六六六ナノメートル。ナノメートルは一〇のマイナス九乗メートル）を照射すると、フィトクロムは緑色を帯びた活性型に変化する。活性型のフィトクロムができてから、発芽にいたるまでには、たくさんの反応を経なければならないが、活性型のフィトクロムが、オジギソウの葉を垂れる運動をはじめ、植物細胞内のいろいろな反応に関与していることがわかっている。

動物でも単細胞のゾウリムシの運動にサーカディアンリズムのあることが知られている。動物は高等になると、神経系が発達してくるが、サーカディアンリズムは神経系と深く関わっている。しかし、神経系が十分に発達していない下等な動物にもサーカディアンリズムは存在する。

海の浅いところに住むウミサボテンという動物がある。ウミサボテンはサンゴの一種で、動物としては、かなり下等な方である。神経系はからだ中に網目のようにはりめぐらされているだけで、脳のように活動の中心になるところはない。このウミサボテンは、口と腸と肛門をもった筒のような動物で、昼間は縮んで砂の中に潜っているが、夜になると砂の上にのびてきて、サボテンのような形になる。

ウミサボテンのサーカディアンリズムを調節しているのは、体液の酸性の度合いである。夕方になって、体内に炭酸ガスがたまって体液が酸性になると、ウミサボテンのからだはのびて砂の上に出るが、昼間、アンモニアがたまってアルカリ性になると、縮んで砂の中に潜る。

ウミサボテンよりずっと複雑な構造をもつコオロギやゴキブリでは、小さいながら脳が発達している。目は単眼と、個眼がたくさん集まってできた複眼の両方をもっている。複眼は線を解析して形の情報を脳に伝えるが、単眼は明暗を感じ取るだけである。

コオロギやゴキブリでは、複眼と脳を結ぶところに、視葉（図1）と呼ばれる神経組織がある。左右両方の複眼と視葉の間の神経を切ってしまうと、行動のサーカディアンリズムは残るが、光による同調は起こらなくなる。

また、視葉と脳葉の間の神経を切ると、行動のサーカディアンリズムもなくなる。これらの実験から、サーカディアンリズムは、視葉にある体内時計でつくられ、神経細胞によって脳に伝達されると考えられる。複眼から入った光の刺激も、神経細胞を通して視葉に伝えら

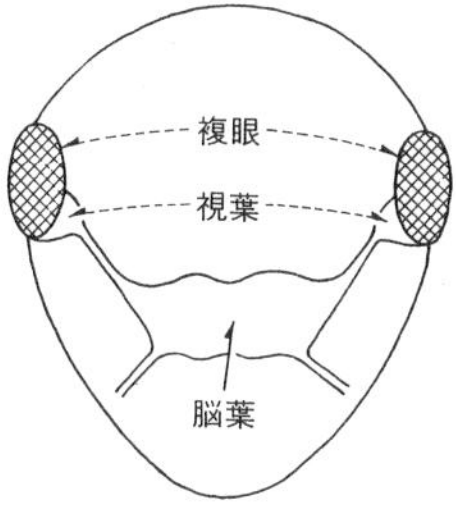

図１　コオロギの視葉

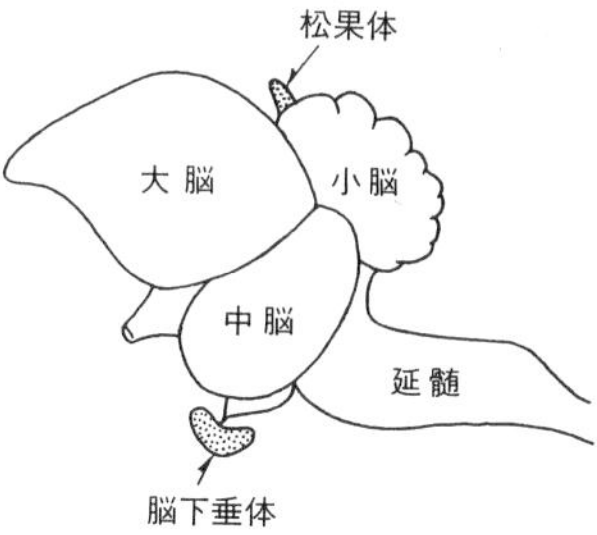

図２　トリの松果体

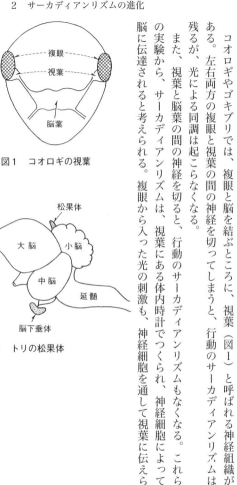

れ、視葉のサーカディアンリズムと光刺激を同調させている。

　軟体動物のナツメガイでは、目の網膜基部の神経細胞に体内時計がある。さらに複雑な動物である鳥類では、脳の中の松果体（図2）と呼ばれる部分に体内時計があると考えられている。

鳥類と哺乳類のサーカディアンリズム

　スズメの松果体を取り除くと、自発的なサーカディアンリズムは消失する。松果体のあるスズメでは、つねに明るい所、あるいは、つねに暗い所においても活動のサーカディアンリズムは存続するが、松果体のないスズメでは、光の変化のない所では、活動のリズムは消えてしまう。

　ところが、松果体を取り除いたスズメを、一二時間光をあて、一二時間暗くするという条件で飼うと、明るいときに活動が盛んになる。しかし、これは、外からあたえられた光に反応して活動しているのであって、体内時計による自発的なサーカディアンリズムではない。

　鳥類の場合には松果体が直接に光を感じるので、目を覆ってもサーカディアンリズムを光に同調させることができる。鳥類では、松果体だけでなく、脳の視交叉《しこうさ》上核《じょうかく》という部分にも体内時計があるのではないかと考えられている。視交叉上核というのは、網膜から出た視神経の末端が到達している視床下部の一部である。

鳥類よりもさらに進化している哺乳類では、松果体を取り除いても、サーカディアンリズムはなくならない。しかし、ラットの視交叉上核（図3）を破壊すると、サーカディアンリズムがなくなることから、哺乳類のサーカディアンリズムの発信源は視交叉上核ではないかと考えられた。

目から入った光の信号は、網膜から外側膝状体《がいそくしつじょうたい》を経由して大脳皮質の視覚野に送られる。これが光信号の主経路であるが、これらのどの部分もサーカディアンリズムとは関係のないことがわかっている。

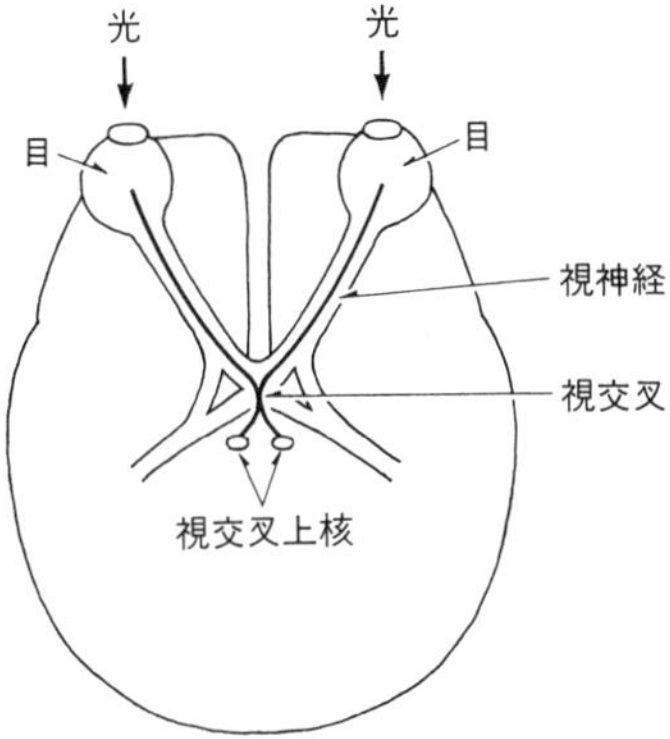

図3　ラットの視交叉上核

脳の中に入った視神経の束は、左右が交叉する。この部分は視交叉と呼ばれているが、そのすぐ上にある左右一対の神経細胞の小さいかたまりが視交叉上核である。ここで視神経の終末がおわっており、目からの光信号がここに届いていることも確認されている。

進化の過程を振り返ってみると、単細胞の生物では細胞全体がサーカディアンリズムの発信体である。やがて体制が複雑になっていくにつれ、光の受容器である目と密接に関連した細胞が、サーカディアンリズムを発するようになる。さらに進化が進むと、神経細胞を通して光の刺激を受ける松果体や視交叉上核のような脳の部分に機能の局在化が進む。

サーカディアンリズムは光と密接に関係している生命現象であるが、細胞がどのようにしてこのようなリズムを発するのかは、まだよくわかっていない。体内時計の発したリズムの影響を受けて、体内の物質のレベルが変化する例はたくさん知られている。その一つにメラトニンがある。

松果体は、メラトニンというホルモンをつくって血液の中に分泌している。スズメで調べてみると、メラトニンの分泌量にはサーカディアンリズムのあることがわかる。暗くなるとメラトニンの分泌量は増え、明るくなると減ってくる。スズメはメラトニンの量が少ないときに活発に動くので、メラトニンはスズメの活動を抑えているらしい。

また、スズメのからだにメラトニンの入ったカプセルを埋め込み、メラトニンが常時染み出すようにして、メラトニンの分泌量のサーカディアンリズムをなくすと、スズメの動きのサーカディアンリズムも消えてしまう。

このように、メラトニンはスズメの活動のサーカディアンリズムに関与しているらしいが、サーカディアンリズムをつくりだしているものがメラトニンであるかどうかは、この実験からはわからない。

哺乳類では、視交叉上核で発せられるサーカディアンリズムを受けて、松果体のメラトニンの量にサーカディアンリズムが生じることもわかっている。

このように、生体内の物質がサーカディアンリズムをもって変動する例はいろいろ報告されているが、次の章で、さらにくわしく述べてみよう。

3　サーカディアンリズムの分子生物学

サーカディアンリズムを分子レベルで考える研究で、これまで主役を演じてきたのは、ショウジョウバエの「ピリオド」と呼ばれる突然変異体である。

ショウジョウバエというのは、バナナなどにうるさくよってくる目の赤い小さいハエである。二〇世紀の初めには、遺伝学の実験には、イヌとかヤギとかいう大型の動物が材料としてもちいられていた。やがて、一世代の時間が短く、小型で飼うのにつごうのよいマウスやショウジョウバエがもちいられるようになった。

ショウジョウバエは、小型であること、世代時間が短いことにくわえて、染色体が四対しかないことが細胞レベルで遺伝学を研究する上で大きな利点となった。さらに、ショウジョウバエには唾腺《だせん》染色体という巨大染色体があり、当時の解像力の低い顕微鏡でも染色体上の縞模様が観察されたことが研究者の興味をそそった。

モーガンによってはじめられたショウジョウバエの遺伝学は、一時、大腸菌に主役をゆずる。しかし、大腸菌を材料にした分子遺伝学によってある程度知識が蓄積すると、研究者は、もっと複雑な生物について知りたくなる。そのような研究の流れの中にあって、遺伝学的研究の進んでいるショウジョウバエは、生命科学の発展に大きく貢献している。

ショウジョウバエの時計突然変異体

ショウジョウバエの歴史的な「時計突然変異体」は、一九七一年にコノプカとベンザーによって、エチルメタンスルフォネートという突然変異誘発物質を使ってつくられた。この体内時計に関する突然変異体は、X染色体上の遺伝子の一つが異常になっていることがわかった。この遺伝子は、ピリオド（period）を省略して、パー（per）と呼ばれている。

ショウジョウバエを日周期のある条件におくと、活動の時期と休止の時期が交互にあらわれ、活動と休止の時間を合わせて二四時間という周期が繰り返される。暗い所に移しても、この周期は失われない。

パー0（per^{0}）と呼ばれる突然変異体では、この活動と休止のリズムがなくなってしまう。パーs（per^{s}）では活動の周期が一九時間と短くなり、パーl（per^{l}）では二九時間と長くなることがわかった。

パー遺伝子が欠失（欠けてなくなる）している突然変異体も生きていくことができるが、活動のリズムは消失する。

パー突然変異体では、個々のハエの活動の周期性が異常になるばかりでなく、羽化（さな

図4　キイロショウジョウバエの愛の歌（Ed. M. W. Young, *Molecular Genetics of Biological Rhythms*, 1993より）

ぎが脱皮して成虫になること）や求愛の歌のリズムも変化する。

正常な（野生型の）ショウジョウバエのさなぎをずっと暗い所においたのちに、一二時間ごとに明と暗とが交互に繰り返すような光の条件に移す。光の条件が変化した一日目には、光をあててから、六時間から一二時間の間にほとんどのさなぎが羽化する。しかし、パー０突然変異体では、羽化の時間がばらばらになり、パーｓでは、野生型より短い時間で羽化し、パーｌでは羽化までの時間が長くなる。

ショウジョウバエでは、交尾に際して雄が羽を振動させて、愛の歌を奏でて雌を引きつける。ショウジョウバエの多くの種では、まず雄が前肢で雌の腹に触れる。それから雌の頭にできるだけ近いところで羽を震わせるのである。求愛の間、動いている雌を追いながら雄は羽を震わせて、うまく交尾にこぎつけるまで歌を歌い続ける。

雄は、最初に羽をかすかに震わせ続けたのちに、次に強く振動させ、休みをおいてまた振動させるという周期を繰り返す。そしてこの振動と振動の間の時間は、種によってきまっていることが知られている。歌のリズムは、ショウジョウバエの種によってきまっているので、雌が自分とおなじ種の雄を選ぶシグナルになっているのであろうと考えられている。キイロショウジョウバエの羽の振動のようすを描くと図4のようになる。

キイロショウジョウバエの歌をさらにくわしく調べてみると、振動と振動の間は三〇—三八ミリ秒の開きがあることがわかった。そして、振動と振動の間の長い歌い方と短い歌い方が、六〇秒の周期で繰り返されていることもあきらかにされた。

パー突然変異体では、この六〇秒の周期性が個体の活動の周期とおなじ方向性をもって変化することがわかった。たとえば、パー0では歌の周期もなくなる。活動の周期が一九時間になるパーsでは、歌の周期は四〇秒と短く、パー1では八〇秒と長くなる。

ショウジョウバエでは、特殊な方法を使って遺伝的なモザイクをつくることができる。遺伝的モザイク個体では、一つの個体の中に野生型遺伝子をもつ部分と突然変異遺伝子をもつ部分が混在する。このような手法を使って、ショウジョウバエの活動のサーカディアンリズムは、頭部の神経細胞の遺伝子によって決定されることがわかった。一方、求愛の歌の周期は、胸部の神経細胞によって決められているらしい。

ピリオド遺伝子の解析

遺伝子工学の方法を使ってパー遺伝子を取り出し、その塩基配列を決定することができた。キイロショウジョウバエのカントンSという系統を使った実験では、パー遺伝子を読みとってできたmRNA（メッセンジャーRNA）は、四五四七個の塩基からなり、その後にポリA配列が続く。

パー遺伝子は転写されて一二二四個のアミノ酸からなるタンパク質が合成される。このタンパク質は、グリシン、セリン、アラニン、プロリンを多く含み、なんと全タンパク質の四七パーセントがこの四つのアミノ酸から成り立っている。

特に六六六番目から七五四番目のアミノ酸までは、グリシン－トレオニンの繰り返しとグリシン－セリンの繰り返しが頻繁にあらわれる。なかでも、アミノ酸六九四から七四三までは、完全にグリシン－トレオニンの繰り返しのみというおもしろい構造をもっている。

パー遺伝子からグリシン－トレオニンの繰り返しに相当する部分を取り除いてしまうと、求愛の歌のリズム周期が四〇—四五秒に縮まる。

パー0突然変異体では、四六四番目のアミノ酸をコードする位置のDNA塩基がシトシンからチミンに変わっている。その結果、グルタミンを指示する遺伝暗号が終止コドンに変わってしまい、タンパク質はそれ以上アミノ酸を結合できない。途中でアミノ酸の連結が止まってしまうのであるから、完全なパー・タンパク質はつくられない。

パーsでは、五八九番目のセリンがアスパラギンに変わっている。この場合には、DNA鎖の中ではグアニンがアデニンに置換したという、ただ一つの塩基異常があるだけだった。

パーl突然変異体では、二四三番目のアミノ酸がバリンからアスパラギン酸に変わっている。これは、このアミノ酸をコードするＤＮＡの塩基がチミンからアデニンに変わったためである。このように、たった一つの塩基の置換がリズムに影響をあたえるということは、パー遺伝子がショウジョウバエのリズムと密接な関係をもつことを示している。

ピリオド遺伝子の働き

パーｍＲＮＡとパー・タンパク質の合成量を調べてみると、明暗の光のサイクルの影響を受けて周期的に変動することが確認された。この事実は、パー遺伝子の発現と体内時計の関連を示すものである。パー突然変異体のｍＲＮＡやタンパク質の合成の周期を調べてみると、表現型から予想されるように変動する。たとえば、パーｓでは、パーｍＲＮＡの合成周期もパー・タンパク質の合成周期も、野生型より短い周期で繰り返された。

さらにくわしくパーｍＲＮＡとパー・タンパク質の合成のパターンを解析することによって、パー・タンパク質がパーｍＲＮＡの合成をコントロールしているらしいことがわかった。パー遺伝子が活性化されてパーｍＲＮＡが合成されると、それはパー・タンパク質に翻訳される。突然変異体を使った実験によって、合成されたパー・タンパク質がこんどはパー遺伝子の発現をコントロールするということが示されたのである。

これは、パー遺伝子──→パーｍＲＮＡ──→パー・タンパク質の間にフィードバック・ループが形成されていることを示唆する実験結果である。

このモデルでは、パーmRNAがパー・タンパク質以外のリズムに関するタンパク質の合成をも支配していると考えている。つまり、パー遺伝子がすべてのサーカディアンリズムを支配しているということである。

さらに、細胞質の中で合成されたパー・タンパク質を核の中に運ぶタンパク質の合成を担う遺伝子、タイムレス（tim）も発見された。このようなタンパク質が存在することは、パー・タンパク質が核の中に運ばれて、そこでパー遺伝子に結合して、その働きをコントロールする可能性を示唆するものである。

パー類似の遺伝子は、アカパンカビ、ハムスターなどでも発見されている。またハムスターやラットでは、光の刺激によってc-fosなど一連の遺伝子の活性化が起こることがわかり、その機構が研究されているが、解決にはいたっていない。

ラットのクレム遺伝子

フィードバック制御とサーカディアンリズムに関しては、ラットのクレム（CREM）遺伝子が注目されている。クレム遺伝子は、細胞内の情報伝達物質であるサイクリックAMP（環状アデノシン一燐酸《リンサン》）に誘導されて転写を調節する、タンパク質の合成遺伝子である。

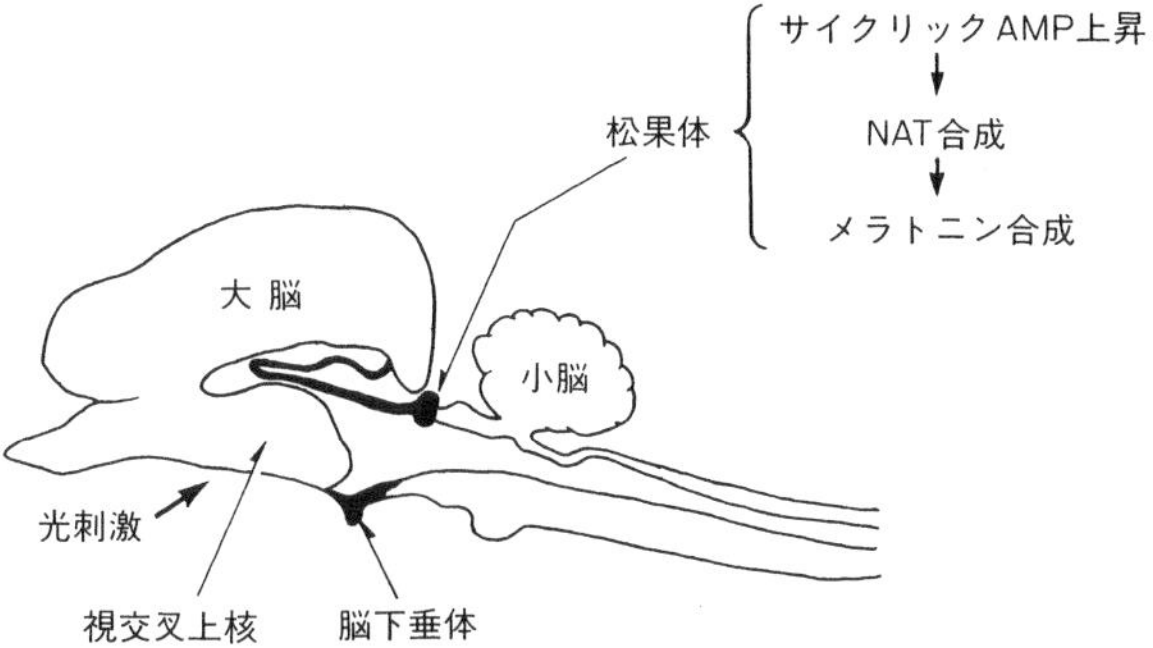

図5　光刺激とメラトニンの合成（ラット）

おもしろいことに、この遺伝子は、合成されたmRNA（メッセンジャーRNA）をどのように切るか（スプライシング）ということによって、時と場合に応じて、転写（mRNAの合成）の抑制因子と促進因子のどちらでもつくることができる。

ICER（誘導性サイクリックAMP初期リプレッサー）と呼ばれる抑制タンパク質（リプレッサー）は、クレムmRNAの一部からスプライシングによって情報を得てつくられる。ICERは、DNA結合部位だけからなる小さいタンパク質で、サイクリックAMP誘導性の転写を阻害する。

ラットの脳の松果体（図5）では、ICERは光を消してから六―九時間後に合成のピークに達する。松果体のメラトニンというホルモンの合成に、サーカディアンリズムのあることはすでに述べたが、ラットでは、メラトニンも光を消してから六―九時間後にいちばん多く合成される。

視交叉上核が光の影響を受けると、ノルアドレナリン――↓カルシウムの流入という経路を経て、松果体の中でサイクリックＡＭＰの濃度が上昇する。サイクリックＡＭＰの濃度が上がると、ＮＡＴ（アリルアルキラミン・Ｎ－アセチルトランスフェラーゼ）が合成される。つまりＮＡＴは、サイクリックＡＭＰによって転写が誘導されるタンパク質である。ＮＡＴは、セロトニンからメラトニンが合成される反応を促進する酵素である。ＮＡＴの合成にもサーカディアンリズムが見られることがわかっている。

松果体を切り出しておいて、外からサイクリックＡＭＰを加えると、ＮＡＴの合成は促進されるが、六――一二時間後には合成のレベルが落ち、次第に減少しはじめる。この時期はちょうどＩＣＥＲの合成量がいちばん増えているときである。体内にある松果体で、実際にＩＣＥＲがＮＡＴのリプレッサーとして働いているかどうかはわからないが、ＩＣＥＲは、サーカディアンリズムをもつリプレッサーとして報告された最初の例である。

さらに、ＩＣＥＲ自身がＩＣＥＲの合成のリプレッサーとして働くことが、培養細胞を使った実験で示された。この実験から、光のあたっているときにＩＣＥＲが合成されないのは、ＩＣＥＲのオートフィードバック機構によるものかも知れないと考えることができる。このように、リズムというものは、反応が一方向に進みっぱなしにならないで、何かの抑制がかかるときに生じるということが、これから述べる例でもたびたび出てくる。

植物のキャブ遺伝子

植物では、日周期による生理学的、生化学的な変動が古くから知られている。これらの現象にフィトクロムという色素が深くかかわっていることも調べられている。植物のサーカディアンリズムの分子生物学は、シロイヌナズナ、ツクバネアサガオ（ペチュニア）、トマト、タバコ、コムギなど、多種類の材料を使って研究されている。これらの研究の多くは、クロロフィルａ／ｂ結合タンパク質（cab, キャブ）のｍＲＮＡ合成とフィトクロムの関係を追跡するものである。

キャブ・タンパク質は、植物の葉の中でクロロフィルａとｂやカロチノイドなどの色素を結合させて、ＬＨＣⅠやＬＨＣⅡなどの光を捕捉する複合体を形成する。複合体ＬＨＣⅠとＬＨＣⅡはそれぞれ、光合成の第一段階と第二段階の反応中心となる物質である。

ＬＨＣⅠとＬＨＣⅡとは、異なった種類のキャブ・タンパク質で結合された複合体である。いくつかの種類のキャブ・タンパク質の中でもっともよく研究されているのは、ＬＨＣⅡ複合体をつくるキャブ・タイプ１とキャブ・タイプ２の二種類のタンパク質である。

これまでに研究された多くの植物で、キャブｍＲＮＡが光の刺激によって増加することがわかっている。発芽からずっと暗いところで育てた植物には、ほとんどキャブｍＲＮＡは存在しない。ところが、赤色光の短いパルスをあたえただけで、四―六時間後にキャブmRNAが多量に合成される。しかし、キャブmRNAの合成は、赤外光を照射することによって停止される。

植物の主要な光受容タンパク質として知られているフィトクロムが反応するのが、ちょうどこの波長の光である。フィトクロムは、暗い所では不活性なP_rという形で合成される。赤色光（六六六ナノメートル）があたると、P_rはP_{fr}と呼ばれる活性型に変化する。しかし、P_{fr}に赤外光（七三〇ナノメートル）が照射されると、ふたたび不活性型のP_rに変化する。このように、フィトクロムの活性は、赤色光によって導かれ、赤外光によって失われるのである。

フィトクロムは、キャブなどの遺伝子の発現をmRNAの合成の段階で制御しているらしい。したがって、フィトクロムは光からの信号を受けて遺伝子のスイッチを入れるスイッチ・タンパク質であろうというのが、多くの研究者の見方である。

コムギのキャブ・タイプ1遺伝子をタバコの細胞の中に導入すると、コムギのキャブ・タイプ1遺伝子はタバコの細胞の中で発現する。コムギのキャブ・タイプ1遺伝子がタバコの調節遺伝子のもとでも発現されるということである。この事実は、サーカディアンリズムの調節機構が、単子葉植物（コムギなど）と双子葉植物（タバコなど）が分岐した一億年以上前からあまり変化せずに温存されてきたことを示している。

さらに、コムギのキャブ・タイプ1遺伝子の5'側の一八三七塩基をバクテリアのCAT遺伝子に結合させてタバコの細胞に入れると、バクテリアのCAT遺伝子の発現にサーカディアンリズムがあらわれる。バクテリアにはサーカディアンリズムは認められないので、このCAT遺伝子は、コムギのキャブ・タイプ1遺伝子の支配下に入ったことがうかがえる。

このとき、バクテリアに結合させたコムギのキャブ・タイプ1遺伝子のうち、一八〇〇塩基はタンパク質に転写されない部分であり、この部分にサーカディアンリズムの調節をつかさどっている部分があるものと思われる。

現在までに得られている結果は、高等植物の体内時計とフィトクロムの相互作用の結果、キャブ遺伝子の活性化が起こることを示唆している。体内時計の支配下にあって、周期的に活性化される遺伝子は、動物、植物をとわず、数多く研究されているが、おおもとのリズムの発生の遺伝子支配については、まだよくわかっていない。これらの遺伝子の場合にも、ショウジョウバエのパー遺伝子やラットのクレム遺伝子に見られたようなフィードバック機構が関与しているのかも知れない。

4 眠りのリズム

一日の仕事を終えたあと、柔らかい布団に包まれて眠りに落ちていくのは快いものである。一方、眠ろうと思うのに眠れないときや、夜中に目が覚めて頭が冴えきってしまうとき、私たちはややもするといらだちを感じる。

昼間は活動し、夜には眠るという行動のパターンは、私たちのからだや心に浸透し、社会にも浸透している。眠りと目覚めのリズムは、私たちのサーカディアンリズムに由来するものであるが、眠りそのものの中にも周期性があり、リズムがある。

ヒトの眠りのリズム

ヒトの眠りのリズムは、睡眠中に脳波、筋電図、眼球運動、呼吸などを記録するポリグラフを取ることによって検出される。脳波の意味については、「6　脳波のリズム」でくわしく述べるが、その波形とリズムから、ベータ波、アルファ波、シータ波、紡錘波《ぼうすいは》、デルタ波の五つの種類が区別されている（図6）。

ベータ波は、小さい波が小刻みにあらわれる脳波で、脳が活発に活動しているときにあらわれる。アルファ波は、やや大きな波が小刻みにあらわれるもので、ゆったりとくつろいでいるときの脳波である。この二つの波形は、目が覚めているときにあらわれるものである。眠りに入ると、シータ波、紡錘波、デルタ波が順に出現する。

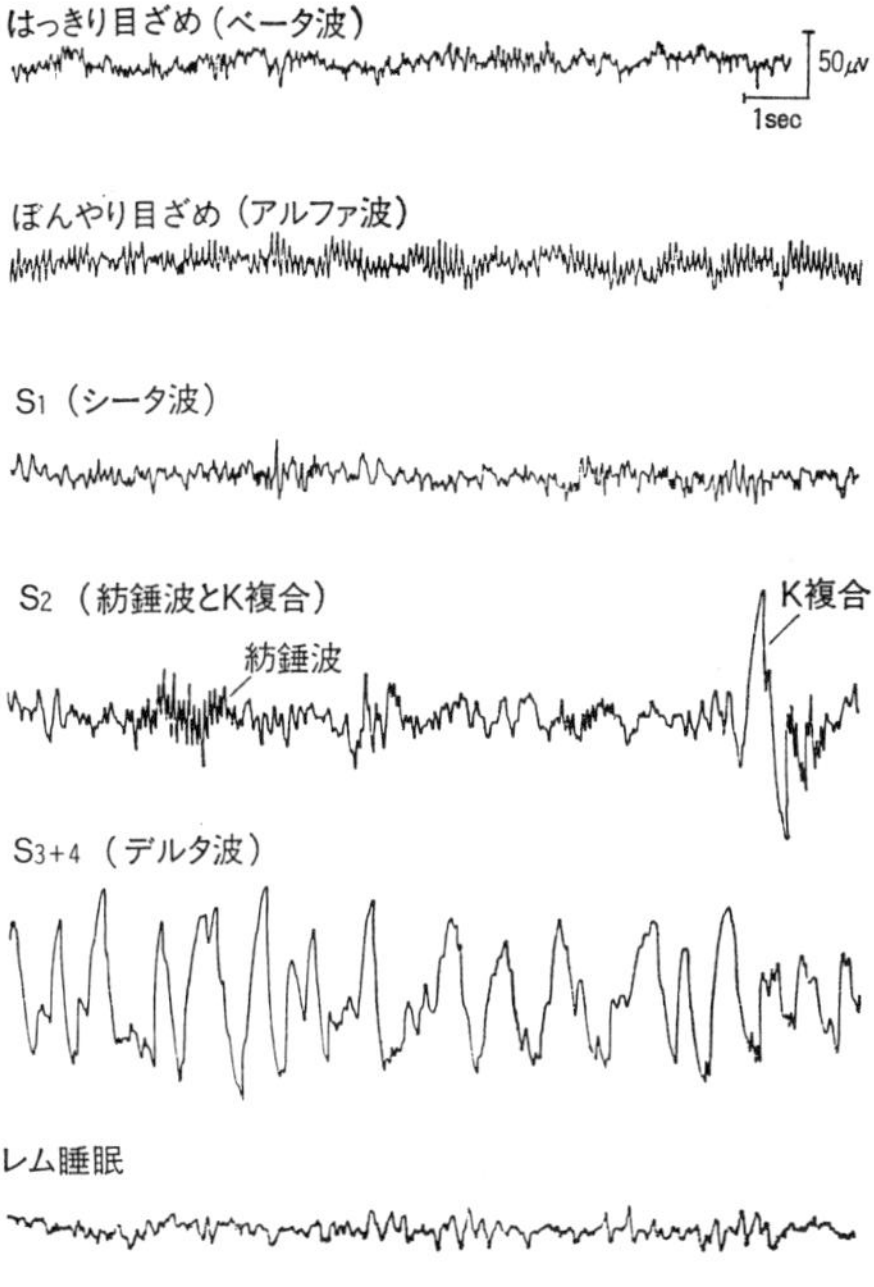

図6　睡眠と脳波（鳥居鎮夫『夢を見る脳』，中公新書による）

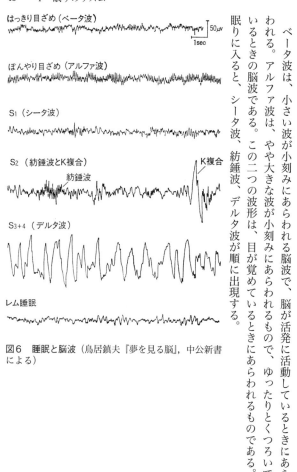

シータ波は、小さい波がゆるやかにあらわれるもので、入眠時のうとうとしている状態の脳波である。この段階では外からの刺激に反応し、当人はまだ眠っているとは感じていない。

紡錘波は、小刻みな大きな波で、この状態では完全に眠っている。さらに眠りが深くなると、デルタ波というゆるやかな大きな波があらわれる。これは熟睡の状態である。

ヒトが床につくと、まず、アルファ波があらわれ、心は安らぎの状態になる。やがて、アルファ波は消えて、シータ波があらわれる。シータ波は一分半から七分くらい続くが、このときには、周囲の音などに反応してアルファ波状態にもどったりする。シータ波の出ているときには夢も見るが、当人は眠っているとは思っていない（ステージ1）。

やがて、すやすやと寝息をたてるようになると、紡錘波が出現する（ステージ2）。眠りについてから三〇―四〇分以内にデルタ波があらわれるようになる。これは眠りがさらに深まったことを示している（ステージ3、4）。

デルタ波が脳波の中の二〇パーセント以上である場合をステージ3、五〇パーセント以上の場合をステージ4と呼んでいる。ステージ4は非常に深い眠りで、少々のことでは目が覚めない。ステージ3と4は数十分から一時間続いて、眠りの周期はふたたびステージ1の脳波にもどる。

しかし、このときには、脳波はシータ波であるが、眼球が急速に動いている点と筋肉がだらりと弛緩している点が、入眠時のステージ1とはちがう。このような眠りは、rapid eye movement を省略して、レム（rem）睡眠と呼ばれている。

レム睡眠は五分くらい続いて、ステージ2の睡眠へと移行していく。このあと、ステージ3、ステージ4と眠りの深まることもあるし、ふたたびレム睡眠があらわれることもある。

レム睡眠に対して、眼球の動かない睡眠の状態をノンレム睡眠と呼ぶ。一般に、一つのノンレム睡眠から次のノンレム睡眠のはじまりまでを一つの睡眠周期と定義する。

ごく一般的な睡眠周期は、ステージ1（＊）→ステージ2→ステージ3→ステージ4→レム睡眠→ステージ2（＊）→（ステージ3→ステージ4）→レム睡眠……というようなものである。このサイクルの中で、二つの＊印の間が一睡眠周期である。

最初のレム睡眠があらわれるのは、眠りに入ってから七〇—九〇分後である。そして約三時間後に二回目のレム睡眠があらわれる。これから朝の目覚めまで九〇分ほどの間隔でレム睡眠とノンレム睡眠が周期的にあらわれる。後半の眠りでは、ステージ3やステージ4があらわれることはほとんどない。レム睡眠は朝に向かうほど長く続くようになる。

レム睡眠は夢見の睡眠であるという点で、ノンレム睡眠と決定的にちがう。レム睡眠中は夢を見る以外に眼球が急速に動き、筋肉が弛緩する。眼球が動くのは、夢の画像を追っているためであろうと考えられている。もし、筋肉が弛緩していなければ、夢を見ている人は走り出したりするかも知れない。

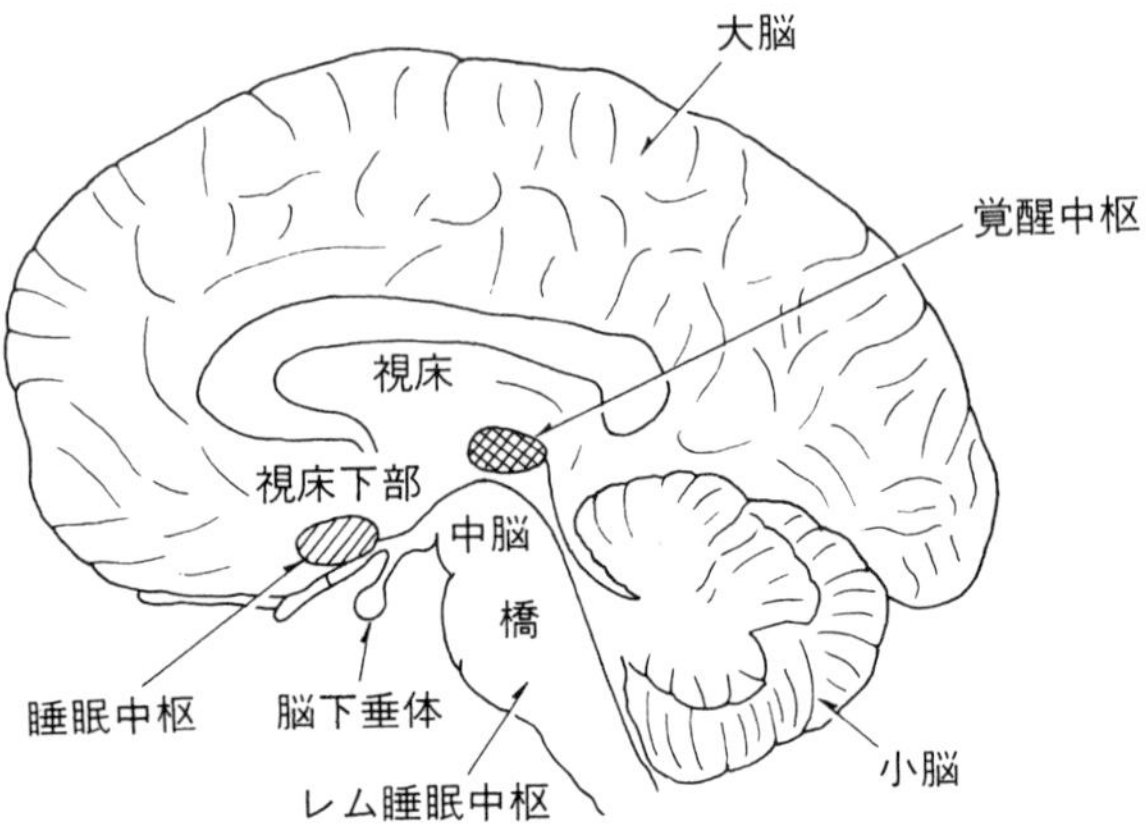

図7　覚醒と睡眠の中枢

なぜ、夢を見るか、なぜ筋肉が弛緩しているのかなど、夢についてはわからないことが多い。しかし、私たちは一晩中夢を見ているのではなく、夢にもリズムのあることは確かである。明け方にたくさん夢を見ることもこの周期から説明される。

眠りと目覚めのサーカディアンリズムは、脳の視床下部でつくられていると考えられている。目覚めは、視床下部の後部にある神経細胞の集まりによって支配されている。この部分の神経細胞が興奮していると、いつまでも眠れない。視床下部の前部に眠りを誘発する神経細胞の集まりがある。視床下部の後部の細胞の興奮が静まり、前部の神経細胞が興奮すると眠くなる(図7)。

サーカディアンリズムを支配する部分

は、視床下部の前部にあるので、眠りと目覚めのリズムもこの部分と連絡して、サーカディアンリズムの支配下にあるものと考えられる。

眠りの中のリズムの方は、レム睡眠のリズムによって支配されているのではないかと考えられている。レム睡眠のリズムは、視床下部の下側にある脳幹の橋《きょう》という部分で生み出されているとされている。

動物の眠り

動物はなぜ眠るかということもまだわかっていない。長い間動かないでいる状態を眠りというなら、それは昆虫、軟体動物、魚類、両生類、爬虫類、鳥類、哺乳類と多くの動物で見られる現象である。これらの動物では、サーカディアンリズムも顕著であるので、その動物が夜行性であれ、昼行性であれ、不活動の時間はサーカディアンリズムと密接な関係がある。

これらの動物は、長い不活動の時期に、おそらく眠っているといえる特有の姿勢を取る。ところが、脳波を調べてみると、睡眠に特有な脳波があらわれるのは、鳥類と哺乳類だけで、爬虫類以下の動物には脳波の変化は認められない。

動物は餌を求めて動かなければならないが、それは危険をともなう行動である。動かないでじっと隠れている方が安全であることはあきらかである。眠りは、動物を動かないように、安全確保のために進化してきたという側面ももつのかも知れない。

睡眠に特有の脳波を示すのは、鳥類以上の恒温動物である。これらの動物では、外気温の変化にかかわらず体温を一定に保つ機構が進化している。体温を一定に保てることは、多くの利点をもつとともに、エネルギー消費量が多いという欠点もある。

餌をとる必要のないとき、あるいは得られないときに眠るということで、エネルギー消費量を低くして、活動時のエネルギー消費の埋め合わせをしているのではないかという考え方がある。もし、この考えが正しいならば、代謝率が高くエネルギー消費量の多い動物は、睡眠時間が長いのではなかろうか。

実際に調べてみると、代謝率の高い動物ほど睡眠時間（ステージ3とステージ4の眠り）が長いことがわかった。たとえば、ゾウとネズミでは、体重一グラムあたり、時間あたりの酸素消費量は、ゾウはネズミの一五―二〇分の一である。そして睡眠時間は、ネズミの方が六倍長くなっている。

冬眠のリズム

エネルギーの節約という点では、冬眠のもつ意味はもっとはっきりしている。冬眠は日周期ではなく、年周期をもつ眠りではあるが、生物にとっては、本質的におなじことなのかも知れない。

冬眠をするのは、ほとんどが哺乳類である。鳥類は暖かい地方に移動して寒さを避けるという方法をとるものが多く、冬眠をする鳥はまれである。プアーウィルヨタカは冬眠をするめずらしい鳥の例である。この鳥は、暖かい時期にカリフォルニアで繁殖する。寒くなると大部分の鳥はメキシコへ移動するが、一部はそのまま残って、岩の隙間などで冬眠する。

日本にいる哺乳類で冬眠するものは、エゾシマリス、ニホンヤマネ、ツキノワグマ、ヒグマ、コウモリなどである。

エゾシマリスは、一メートルくらいの深さの土の中の穴で眠る。入り口は土でふさぎ、寝床には枯れ葉などを敷いて、その下にはいくらかの食物をたくわえている。体温を下げ、熱の放散を防ぐように長い尾をからだに巻きつけ、丸く縮まって眠っている。

ニホンヤマネは、樹の洞や地表の腐葉土の中で眠る。冬眠している場所が零下七度くらいになると、からだが凍ってしまわないように、目を覚まして動いてからだを温める。コウモリは、洞穴の天井にぶらさがって眠っている。

冬眠は、ほとんどの場合、寒くて餌を探すのも困難な状況でおこなわれるものであるが、なかには寒さとあまり関係のない場合もある。北米に住むベルディングジリスの雄は、夏の七月末から地下の穴に入り、冬を越して春、四月まで眠っている。

冬眠中の動物の体温は外気温とともに変動する。体温がさがるとともに呼吸数、心拍数も減り、エネルギーの消費量が減少する。しかし、ほとんどの動物は、冬眠期間中眠り続けるのではなく、二―一五日おきに目を覚まして体温を上げ、排泄をしてまた眠るという過程を繰り返している。これにはかなりのエネルギーを消費するので、冬眠に入る前に十分に食べ物を食べて、脂肪を体内にたくわえる。脂肪のたくわえの十分でなかった動物は冬眠から覚めたときに死んでしまう。

それでも、冬眠期間中の動物の死亡率は五パーセント以下で、春から秋にかけての活動期間中の五〇パーセントという死亡率と比較すると、極端に低い。おそらく、餌の少ない季節を動かずに眠って過ごすことは、動物の生き残りにとって有利なのであろう。

このように、冬眠と日ごとの眠りをくらべてみると、毎日の眠りの中に見られるリズムは、冬眠中に眠りが浅くなったり目覚めたりするリズムと関連があるのではないかと考えてみたくなる。

もしそうであるなら、夜半に目が覚めても、いらいらすることなく、エゾシマリスになったつもりで起きあがって、からだをぶるぶるっと震わせ、排泄をすませてもう一度巣にもぐりこんでみてはどうだろう。どんぐりを一つかじるかわりに、ワインの一すすりも入眠を助けてくれるかも知れない。

5　刺激の伝達のリズム

前方から猛スピードで車が走ってくる。私たちの耳は車の音をとらえることができるし、目は車を見て、脳に伝えるであろう。脳は、車と自分の距離の差をすばやく判断して、危険ならすぐに避けるように筋肉に命令を送るはずである。

これらの反応は、一見、リズムとは何の関係もないように見えるが、刺激が伝達されるメカニズムもまた、繰り返しとリズムに満ちた反応なのである。

刺激は神経細胞によって伝達される。脳は、神経細胞のかたまりのようなものである。神経細胞のかたまりは、背骨の中をも走っている。背骨の中にある神経細胞群を脊髄と呼び、脳と脊髄をあわせて中枢神経系という。中枢神経系が私たちの神経の大元締めである。電話でいえば、ＮＴＴの本部のような所といえようか。

目、鼻、耳、皮膚などの感覚器官から、中枢神経に刺激を伝える神経細胞が存在する一方、手足や内臓の筋肉に、中枢神経から指令を送る神経細胞がある。これらの神経系は、末梢神経系と呼ばれ、中央から地方へ、あるいは、地方から中央への電話連絡をとるような仕組みである。

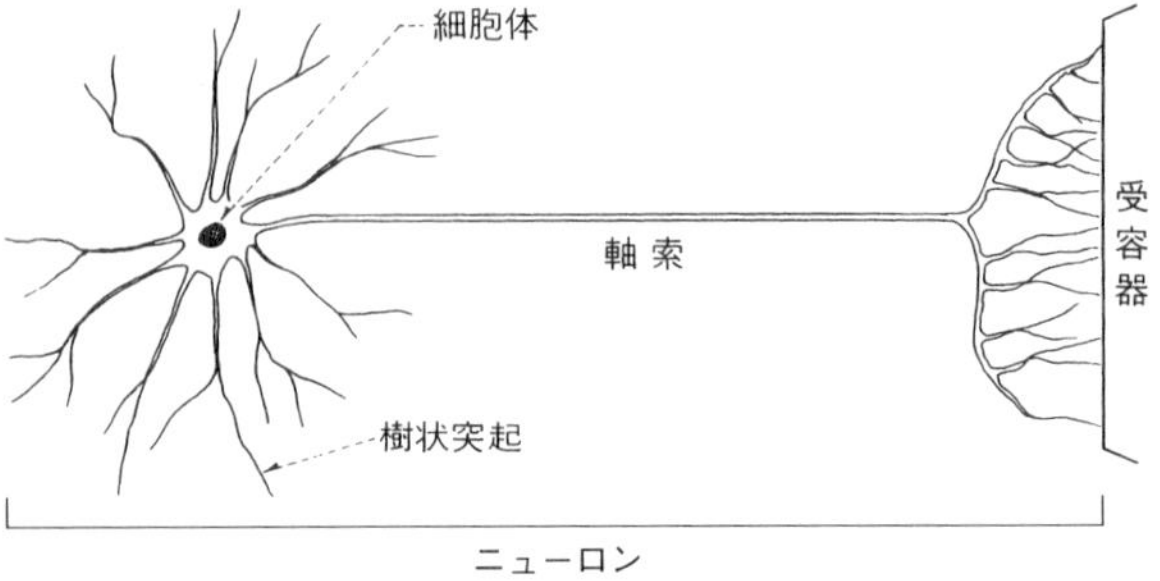

図8　神経細胞

神経細胞の構造

細胞は、ほぼ球に近い形をしているのが普通であるが、神経細胞の形は特殊である。神経細胞がたくさん集まった脳などを薄切りにして顕微鏡で見ると、網の目のようにつながった大きな組織のように見える。しかし、これは、神経細胞が軸索《じくさく》と呼ばれる長い突起を出しているためである。

　神経細胞は核を一つもっている。この核をふくむ細胞の中心になる部分を細胞体と呼ぶ。細胞体からは、一本の長い軸索と、多数の樹状突起と呼ばれる突起が出ている。軸索の先端は、刺激を受け入れる器官である受容器に達している。受容器に接する部分の軸索にも多数の枝わかれが見られる（図8）。

　細胞体を中心に、軸索や樹状突起をふくめた神経細胞全体をニューロンと呼ぶ。ニューロンは神経の機能の単位である。ニューロンは、一個の神経細胞が突起を出して形が複雑になったものにすぎない。

軸索はまた、神経繊維と呼ばれることもある。筋肉への神経伝達などは、中枢神経から中継点なしに伸びる一本の軸索によってまかなわれている。この場合には、軸索の長さは一メートルに達することもある。

軸索の仕掛け

刺激は、この軸索の中を興奮として伝えられるが、その速度は、神経細胞の種類、軸索の太さ、温度などでちがってくる。速いものでは、秒速一〇〇メートル、遅いものでは、秒速数十センチから数メートルである。

この軸索の中を伝えられる興奮の実体は何であろうか。これを調べるために、イカやザリガニの巨大神経軸索という便利なものが自然界に存在する。イカやザリガニの運動神経の軸索は、直径が〇・五〜一ミリ、長さが数センチもある。平均的な軸索の直径は、〇・〇一五ミリくらいであるから、イカやザリガニの軸索がいかに太いかがわかる。

この大きな軸索の中と外に電極をおいて、軸索の一端に電気刺激をあたえると、二つの電極の間に電位差が生じるのを測定することができる。

次に、イカの巨大軸索を切り出して、ゴムの板の上にのせ、小さいゴムのローラーで押しつぶして、中の細胞質をしぼり出してしまう。あわれ、イカの軸索は、両端の切れたからっぽの筒になってしまった。この中にいろいろなイオンをふくむ液体を満たしてみよう。ナトリウム（プラス・イオン）、カリウム（プラス・イオン）、塩素（マイナス・イオン）などをふくんだ液を空の軸索にそそぎ込んでみる。すると、軸索の中と外のナトリウム・イオンとカリウム・イオンの濃度が自然の条件とおなじになったときにだけ、軸索の一端に加えた電気刺激に反応して、電位の変化が生じることがわかった。

軸索の中の細胞質はしぼり出してあるので、電圧の変化に必要なものは、軸索の膜と、ナトリウム・イオンとカリウム・イオンだけであることがわかる。しかも、ナトリウムとカリウムの濃度が重要であるらしい。

そこで、放射能をもったナトリウム・イオンやカリウム・イオンを使って、イカの巨大軸索の膜の内側と外側でこれらのイオンがどのように増減するかを調べた。わずかなイオンの濃度の変化を測定することには技術的な限界があるが、元素に放射能で印をつけておくと、その放射能を高感度で測定できるので、微量の分子の変化の測定には、この方法がよくもちいられる。

このような実験の結果、電気刺激によって生じた電位差が軸索を伝わるときに、ナトリウム・イオンやカリウム・イオンが、軸索の膜を通って出たり入ったりしていることが示され

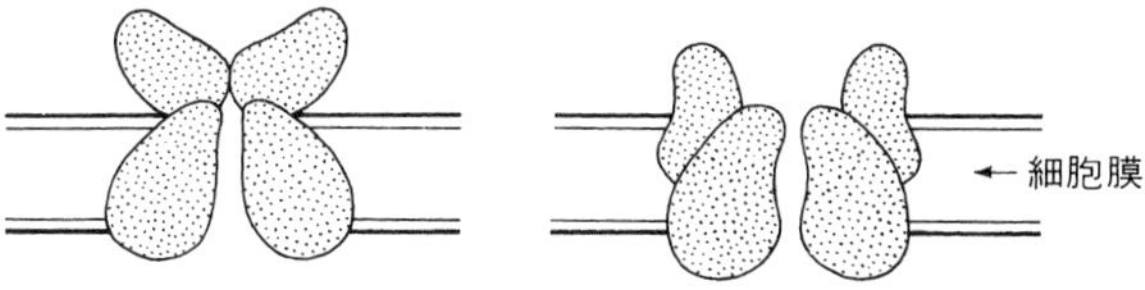

図9　イオン・チャンネルの開閉

た。

さらにくわしく調べてみると、軸索の膜には、たくさんの穴があいていることがわかった。この穴は、脂肪でできた軸索の膜（細胞膜）の中にタンパク質の扉をはめ込んだような形をしており、門の扉は状況に応じて開いたり閉じたりする。

しかも、この門は非常に狭く、イオンがやっとすり抜けられるほどしか開かない。イオンごとに出入りのできる門がきまっていて、ナトリウム・イオンにはナトリウム専用の通用門があり、カリウム・イオンにはカリウム専用の通用門がある。この通用門のことをイオン・チャンネルと呼ぶ（図9）。ナトリウム専用の門はナトリウム・チャンネル、カリウムの門はカリウム・チャンネルというように呼ばれる。

ちなみに、イカのナトリウム・チャンネルの数は一ミリ平方メートルの膜あたり七五〇〇万個である。一つのチャンネルを通って、一秒間に一〇〇〇万個のイオンが出入りすることができる。

開けゴマ

チャンネルの扉はタンパク質でできており、開くときには「開けゴマ」にあたる呪文が必要である。この呪文になるのが、ある時には電気刺激であり、ある時には化学物質による刺激である。

チャンネルを通ることのできるイオンがチャンネルごとにきまっているように、扉を開く呪文にあたる刺激もチャンネルごとにきまっている。あるチャンネルは電気刺激のみで開くし、あるチャンネルは特定の化学物質による刺激でのみ開く。現在までに五〇種類ほどのチャンネルの存在が確認されている。

軸索の膜に何の刺激もあたえられないときには、カリウム・イオンを通すチャンネルだけが開いて、他のチャンネルはすべて扉を閉ざしている。このような状態のときには、神経細胞の内部のカリウム・イオンの濃度は、外部の一〇倍にもなっている。一方、ナトリウム・イオンは、細胞の内側には少なく、外側の一〇分の一程度しかない。

イオンは、プラスかマイナスの電気を帯びているので、軸索の膜の内側と外側でイオンの分布状態がちがうと、そこに電位差が生じる。ナトリウムやカリウムはプラスの電気をもつイオンであり、塩素はマイナスの電気をもつイオンの例である。

軸索の膜が刺激を受けていない状態（静止状態）にあるときにはいつでも、カリウム・チャンネルが開いていて、プラスの電気を帯びたカリウム・イオンが膜の外に向かって流出している。そのため、軸索の膜の内側の電位は、マイナス二〇ミリボルトからマイナス一〇〇ミリボルトくらいになっている。電位のちがいは、生物種や細胞の種類によるちがいである。

膜電位と刺激の伝達

細胞膜を隔てて存在する電圧の差を「膜電位」と呼ぶ。膜電位は、すでに述べたように、膜の片側にプラス・イオンがたくさんあり、膜のもう一方でマイナス・イオンが多くなっているときにあらわれる。この膜の厚さは、七—一〇ナノメートル（一ナノメートルは一〇のマイナス九乗メートル）以下である。

普通の膜では、一ピコ平方メートル（一ピコメートルは、一〇のマイナス一二乗メートル）の膜を〇・〇〇一ピコクーロンの荷電が通過すると、膜電位に一〇〇ミリボルトの変化が起こる。約六×一〇の一八乗個の一価のイオンのもつ電気量が一クーロンである。したがって、〇・〇〇一ピコクーロンは六〇〇〇個のイオンがもつ電気量である。一ピコ平方メートルの膜を六〇〇〇個のナトリウム・イオンが通過すると、膜電位を一〇〇ミリボルト変化

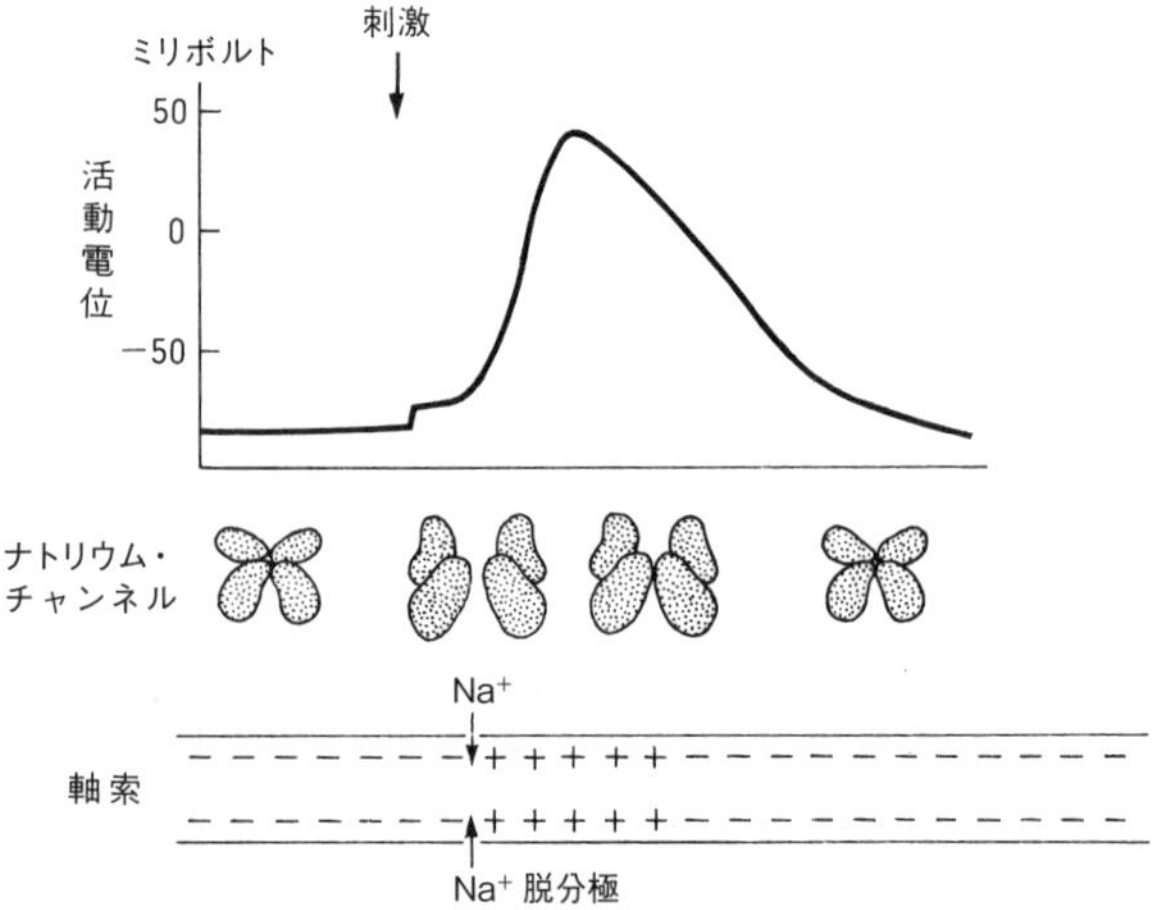

図10　活動電位の発生

させることになる。

　神経に刺激を加えると、その部分のナトリウム・チャンネルが、約一〇〇〇分の一秒間開く。ここからナトリウム・イオンが細胞内になだれ込むために、細胞膜の内側は一瞬、プラスの電位を示すことになる（＝脱分極。八三ページ参照）。静止状態の電位がマイナス一〇〇ミリボルト前後であったものが、ここでプラス五〇ミリボルトぐらいになる。このプラスの電位を「活動電位」と呼ぶ（図10）。

　活動電位の出現は、ほんの局所的な変化であるが、この電位の変化によって、すぐ隣にあるナトリウム・チャンネルが刺激されて扉を開く。先に開いたナトリウム・チャンネルは、すぐに扉を閉じて、しばらくは開かない（不活性化される）という性質があるので、軸索膜上のナトリウム・チャンネルは、一方向に向かって次々と開くことになる。不活性化されたナトリウム・チャンネルは、一〇〇〇分の一秒以内にもとの状態にもどり、あらたな刺激によって扉を開くことができるようになる。

このように、ナトリウム・チャンネルは、次々に閉→開→閉というサイクルを繰り返すことになる。膜電位の変化も、マイナス→プラス→マイナスという繰り返しで膜の上を伝達されていく。軸索の膜が静止状態のマイナス電位からプラス電位に逆転した状態を「膜が興奮している」という。

刺激による興奮は、このようにして神経細胞の軸索の膜上を伝達される。興奮は、ナトリウム・チャンネルの開閉の繰り返しによって生じる電位差のリズミカルな変化として伝えられる。

興奮のゆくえ

さて、軸索の中を伝わっていく興奮はどこへいくのであろうか。中枢神経のように神経細胞が複雑にからみあっているところでは、このような研究はむずかしい。興奮のゆくえを調べる実験は、カエルやイカの運動神経と骨格筋の接合を使ってよく調べられている。

軸索や樹状突起の末端は、受容側の細胞の膜と直接接しているのではなく、その間には五

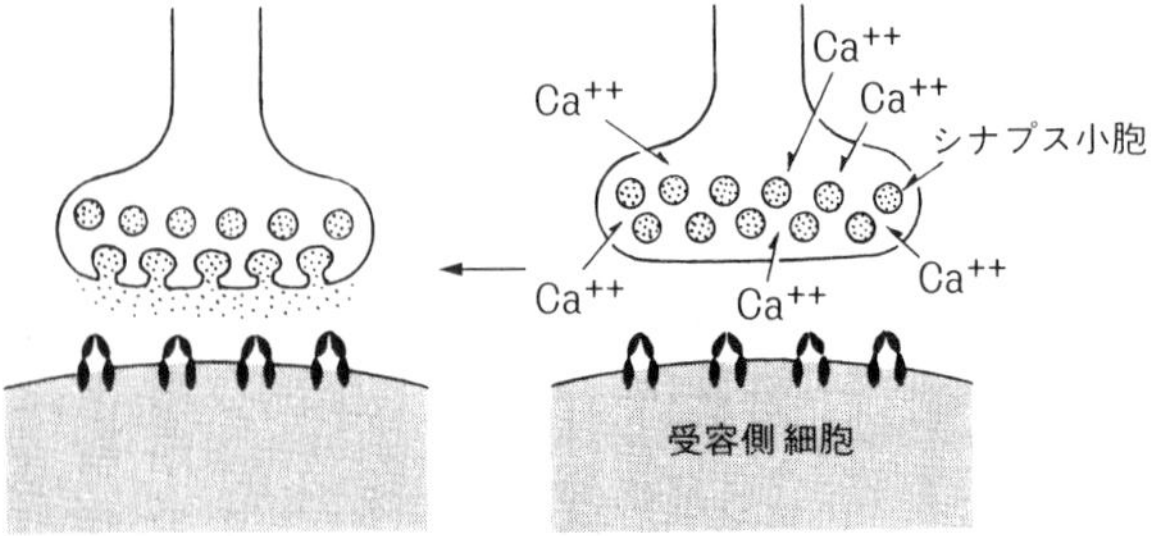

万分の一—二万分の一ミリほどの隙間がある。この隙間は液体で満たされている。このような神経細胞と受容細胞の接合部は、ギリシャ語の「継ぎ目」という意味で、シナプスと呼ばれている。

すでに述べたように、軸索の中を刺激は電流として伝達される。しかし、シナプスの部分は、五万分の一ミリといえども隙間があるので、電流はここを飛び越えることはできない。

活動電位が軸索の末端に達すると、その部分のカルシウム・チャンネルの扉が開く。その結果、一時的に細胞内のカルシウム・イオンの濃度が高くなり、その刺激を受けて、神経伝達物質が分泌される。

神経伝達物質は、シナプス小胞と呼ばれる小さな袋の中に蓄えられているが、カルシウムの刺激によって、シナプス小胞は軸索末端で口を開き、神経伝達物質をシナプス間隙に放出する。

放出された神経伝達物質は、シナプスの隙間に拡散し

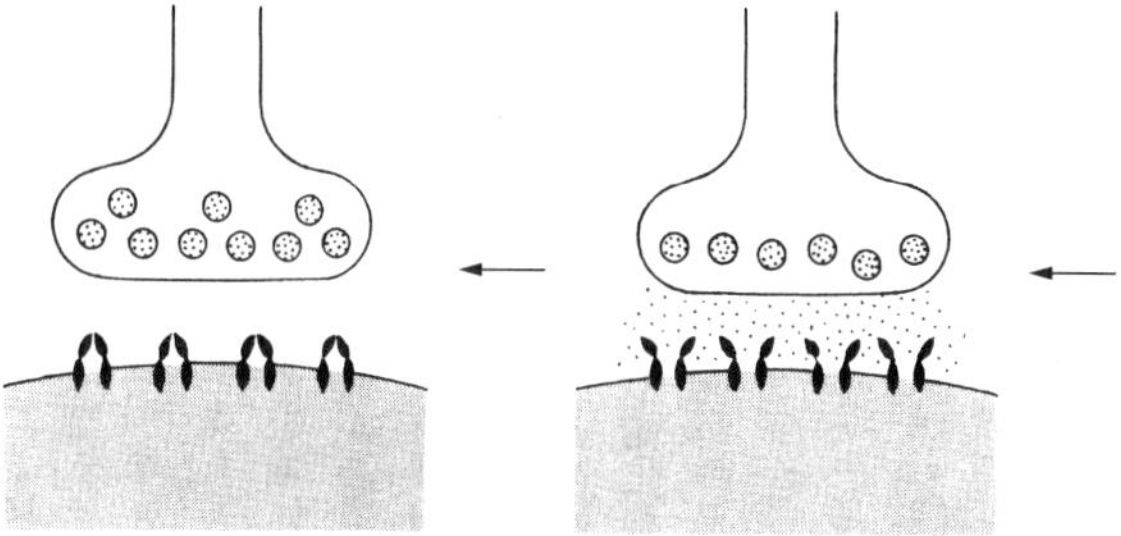

図11　神経伝達物質の拡散

て、受容側の細胞の膜の上にある神経伝達物質受容体に結合する。この受容体に神経伝達物質が結合すると、扉を開け閉めするチャンネルに情報が伝達される。したがって、この場合の「開けゴマ」という呪文にあたるものは、神経伝達物質ということになる（図11）。

神経伝達物質の刺激によって、受容側細胞の膜のナトリウム・チャンネルが開き、ナトリウムの流入が起こる。またカリウム・チャンネルからはカリウム・イオンが流出するので、この細胞の膜に活動電位が生じることになる。このようにして、シナプスの部分を神経伝達物質によって伝えられた興奮は、ふたたび、活動電位という電気的な興奮に変えられる。

筋肉に刺激を伝える

神経と筋肉の接合部で、アセチルコリンという物質が重要な役割をはたしているらしいということは、一九二〇年代から推測されていた。一九三〇年代になると、筋肉組織を電気的に刺激すると、アセチルコリンが分泌され、アセチルコリンが筋肉を収縮させる働きをもっていることがわかった。このアセチルコリンこそ、代表的な神経伝達物質である。

神経細胞の軸索の末端は枝分かれして、骨格筋細胞にはりついているように見える。しかし、ここにもシナプス間隙はあり、シナプス小胞の中にはアセチルコリンが入っている。

活動電位が軸索の末端に達すると、そこでまず、カルシウム・チャンネルの扉を開く。すると、カルシウムが細胞内に流入する。

カルシウムが流入すると、小胞はいっせいに開いて、アセチルコリンをシナプス間隙に放出する。放出されたアセチルコリンは、筋肉細胞に作用して、ナトリウム・チャンネルの扉を開ける。仕事の終わったアセチルコリンは、ただちに分解されたり、拡散したりして失われる。

アセチルコリンによってナトリウム・チャンネルが開くと、筋肉細胞に活動電位が生じる。この電位は、骨格筋細胞の中の筋小胞体に作用して、そのカルシウム・チャンネルを開く。その結果、筋肉細胞の中にカルシウムが放出される。このカルシウムが筋肉のトロポニンというタンパク質と結合すると、筋肉の収縮が起こる。

放出されたカルシウムは、仕事が終わると筋小胞体に存在するカルシウム・ポンプによって、ただちに小胞体の中に回収される。カルシウムの濃度が下がると、筋肉は弛緩する。

ここでもナトリウム・チャンネルの開→閉、アセチルコリンの放出→分解、カルシウム・チャンネルの開による放出→回収、筋肉の収縮→弛緩などのいくつものリズミカルな繰り返し現象が見られる。

中枢神経から末梢神経へ向けての興奮伝達の例として、骨格筋の場合について眺めてきた。では、外からの刺激は、どのようにして中枢神経に伝えられるのであろうか。その一例を、目に入る光刺激について述べてみよう。

網膜の刺激を伝える

哺乳類の網膜の中の視細胞（光受容細胞）には二種類ある。その一つは錐状《すいじょう》細胞（錐状体）で、もう一つは桿状《かんじょう》細胞（桿状体）である。錐状細胞は色彩やものの細部の認識をつかさどっている細胞で、明るい光に反応する。桿状細胞は、薄暗い光の中でモノクロームの視覚をつかさどっている。桿状細胞は、一個の光子に反応して、測定できるほどの大きさの電気的シグナルを発する。

網膜では、光を感じる桿状細胞や錐状細胞が奥にあり、脳へ刺激を伝達する神経細胞が前方にあるという、一見、構造が逆転したような細胞の配置をとっている。

桿状細胞は細長い細胞である（図12）。目の内側に近い部位は外節と呼ばれ、中にロドプシンと呼ばれるタンパク質が盤状に層をなして入っている。ロドプシンの層の数は一〇〇〇にもおよぶ。

外節の手前に内節と呼ばれる部分があり、その手前に核のある部分、さらにその前方の細

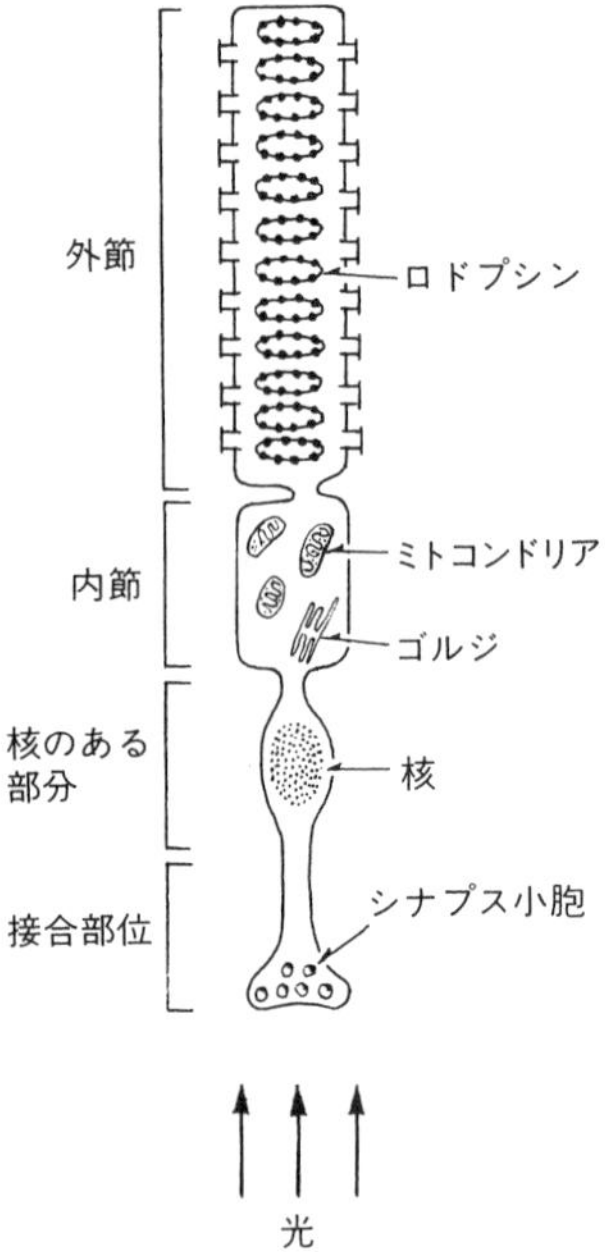

図12　桿状細胞

胞の末端にあたる部分は、隣接する細胞との接合部位である。この接合部位には、神経伝達物質の入ったシナプス小胞がたくさん存在する。

現在のところ、錐状細胞よりは桿状細胞の研究が進んでいるので、桿状細胞について刺激伝達のメカニズムを眺めてみよう。

桿状細胞の外節のナトリウム・チャンネルは、暗いところで開いている。その結果、細胞にはプラスの膜電位が生じて、シナプス小胞が開いて、神経伝達物質を分泌している。

光があたると、外節のナトリウム・チャンネルが閉じるために、細胞はマイナスの電位に傾き、神経伝達物質は分泌されなくなる。この神経伝達物質は、刺激の伝達を阻害する働きをもっているため、光があたって神経伝達物質が分泌されなくなると、桿状細胞とシナプスをつくっている神経細胞は興奮することになる。神経伝達物質の分泌阻害は、光の強さに比例して起こるので、強い光ほど隣接する神経細胞を強く興奮させる。

光刺激伝達の分子機構

光に反応して、桿状細胞のナトリウム・チャンネルが閉じる反応の第一段階は、光とロドプシン・タンパク質の反応である。ロドプシンは、オプシンという糖タンパク質の中に、11－シス－レチナールという分子をはめ込んだような構造をもっている。

11－シス－レチナールは、光に感受性をもち、一つの光子があたると、一ミリ秒という短時間のうちに分子の形がわずかに変わって全－トランス－レチナールになる。11－シス－レチナールと全－トランス－レチナールでは形がちがうので、結局一つの光子によってロドプシンの形が変えられることになる。

次に、全－トランス－レチナールはオプシンから離れて、細胞質の中に出てくる。全－トランス－レチナールは、細胞質の中でふたたび11－シス－レチナールにもどってオプシンと結合し、光感受性をもつロドプシンに回復する。

光子がロドプシンにあたってタンパク質の構造が変化すると、桿状細胞の外節のナトリウム・チャンネルは閉じて、神経伝達物質の分泌は抑制される。けれども、ロドプシンは、盤状になって細胞の中で層をなして並んでいて移動できないのであるから、ロドプシンが直接ナトリウム・チャンネルを開閉するとは考えられない。

ナトリウム・チャンネルに直接働いて、その扉を開閉させる物質がほかにあるはずである。それが、サイクリックGMP（環状グアノシン一燐酸）と呼ばれる物質であることがわかった。サイクリックGMPは、桿状細胞のナトリウム・チャンネルにとって、「開けゴマ」の呪文にあたる分子である。

細胞内にサイクリックGMPがたくさんあるときは、それがナトリウム・チャンネルに働きかけて扉を開かせる。その結果、細胞内にナトリウム・イオンが流れ込み、その刺激でシナプス小胞が開いて神経伝達物質が放出されるというわけである。

光があたると、細胞内のサイクリックＧＭＰが減少する。一個のロドプシン分子が一個の光子を吸収すると、一秒間に約一〇〇〇個のトランスデューシンと呼ばれるＧタンパク質を活性化する。次に、トランスデューシンがサイクリックＧＭＰフォスフォディエステラーゼを活性化する。サイクリックＧＭＰフォスフォディエステラーゼはサイクリックＧＭＰを分解する酵素であり、一秒間に約四〇〇〇個という速さで、サイクリックＧＭＰを壊してしまう。その結果、細胞内のサイクリックＧＭＰの濃度は急速に低下し、ナトリウム・チャンネルは閉じることになる。そして神経伝達物質が分泌されなくなり、隣接する神経細胞を興奮させることになる。

結局、光によってサイクリックＧＭＰを分解する酵素が活性化され、その結果、細胞内のサイクリックＧＭＰの濃度が下がり、光の刺激が電気刺激に変えられて、網膜の神経細胞を伝わっていくのである。こうして網膜の細胞の興奮は、脳の視覚野に伝えられる。

光は次から次へと目にとどくので、網膜の中でも、リズミカルな繰り返し現象が起こっていることになる。サーカディアンリズムは一日を単位にしたリズムであるが、刺激の伝達はミリ秒単位のリズムである。しかし、この二つのリズムもどこかで接点をもっているのであろう。

6　脳波のリズム

　頭に小さい電極をいくつもつけて脳波の検査を受けたことがあるだろうか。検査を受けたことのない人でも、大脳に起こる電位変動を頭皮から導いて記録した波形を、どこかで見たことがあるのではなかろうか。

　脳波がなぜあらわれるのか、それが何を意味しているのか、ということもわからないいま、脳波は脳の病気の重要な検査項目になってきた。特に、てんかんなどの病気がある場合には、脳波に特有の変化があらわれることがある。

　脳の異常と電気の関係については、古代ギリシャ時代にすでに推測されていたらしく、頭痛やてんかんの治療に発電魚を使っていたという。おそらく、電気ショックをあたえたものと思われるが、人間の直観力と好奇心には驚かされる。

　一九世紀になると、本格的に神経と電流の関係が示され、研究されるようになった。一八四九年にデュ・ボア＝レモンは、神経が興奮すると電流が流れることを発見した。

　一八七五年にはケイトンが、神経というのは電流を通す電線のようなものだという考えを発表した。彼は、脳が電流の発生源で、その電流がからだの中の神経を流れると考え、ウサギの脳の表面に電圧計を接続して、電圧計の針が振れることを示した。脳に電流が流れているのである。これが人間が脳波を測った最初の例である。

人間の頭皮に電極をつけて、はじめて脳波を測ったのは、ベルガーである。一九二八年のことで、ケイトンがウサギの脳波を測ってから五〇年以上経過していた。

脳の構造

ここで、簡単に脳の構造を調べてみよう。中枢神経系は、脳と脊髄から成り立つが、脳は、本来脊髄の先端が膨れて大きくなったものである。

いちばん簡単な神経系は、腔腸《こうちょう》動物（下等無《む》脊椎《せきつい》動物の一群）のヒドラなどに見られる。ヒドラの神経系は、神経細胞がたくさんの突起を出して、からだ中にはりめぐらされただけのものである。

もう少し高等なミミズなどになると、神経細胞が集まって神経節をつくり、情報伝達の中心となる。さらに高等な脊椎動物では、神経細胞が集まって一本の棒のようなものをつくる。これが脊髄であり、その外を包んでいる骨が背骨（脊椎）である。

動物が進化するにつれて、脊髄の先端が膨れて大脳が発達してくる。脊椎動物の中でいちばん下等な魚類の脳は、おもに脳幹と小脳からなっており、それに大脳旧皮質と呼ばれる層

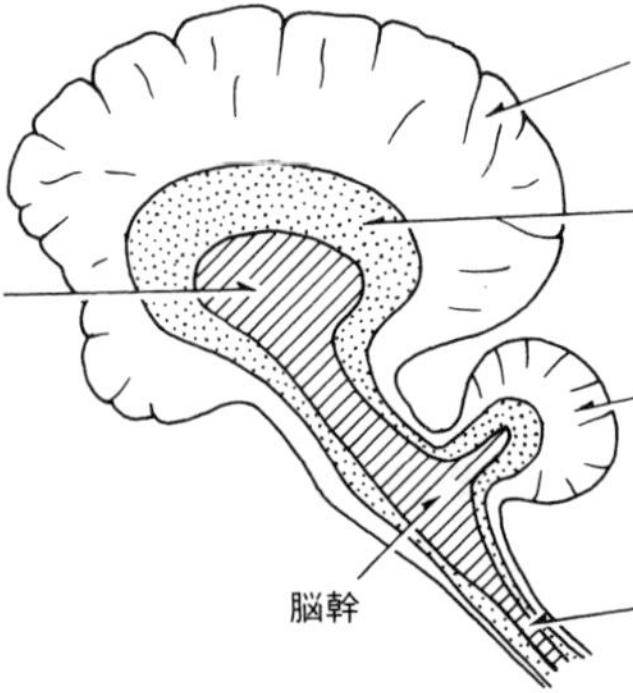

図13　脳の進化

がかぶさっている。

それよりやや高等な両生類（カエルなど）になると、その上に大脳古皮質が発達してくる。さらに、爬虫類（ワニ、トカゲなど）では、大脳新皮質がわずかにあらわれる。鳥類、哺乳類と進化するにつれて、大脳新皮質が大きく発達してくる。

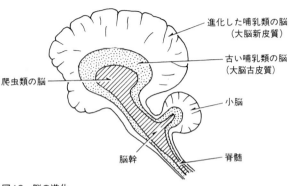

人間の大脳は、魚の脳もカエルやトカゲの脳ももったまま、その上に大脳新皮質が大きく発達して、すべてを包み込むような形になっている（図13）。大脳新皮質は、私たちの知性をつかさどっている部分で、ここが大きく発達したことが、人間を人間たらしめている所以であるが、人間といえども、知性だけで生きていくことはできない。

魚時代からの脳である脳幹は、特に生命の維持に重要な部分である。なかでも、視床下部（四八頁図7参照）といわれる部分には、体温、血糖値やホルモンの濃度の変化を感知する受容器があって、いろいろな本能行動の中心が密集している。食欲中枢、性行動の中枢、怒りの中枢など、動物として生きていくために本質的な行動の中心となる神経細胞の集まりが視床下部に存在する。

視床下部の上側には視床がある。視床は、いろいろな感覚器から入ってくる情報を大脳へ伝える中継点として重要な働きをしている。

脳波を記録する

脳波は、大脳に生じる電流を測るものであるが、それはたいへん弱いものである。さらに、頭蓋骨その他の障害物の上から測るのであるから、電圧を増幅しなければ、その差を読みとることはできない。

ごくわずかの電圧の変化を記録するには、電圧を増幅して高くするか、微小な電圧の変化にも敏感に反応して動く感度のよい記録計をつくるという、二つの可能性がある。人間の好奇心は、脳波の意味もわからないまま、この二つの可能性を追求し続けた。

はやくも一九〇三年には、脳波とおなじ程度のミリボルト単位の電圧を測れるような電圧計が発明された。一九三〇年代に入ると、一八九七年に発明されたオシロスコープが大きく改良され、脳から導かれる低い電圧の電気エネルギーを増幅して、ブラウン管を通して観察したり、写真の乾板に焼きつけたりできるようになった。

おなじ原理を使って、電圧を増幅して細いペンの動きに変え、電圧の変化を波形として紙の上に記録することもできる。これらの装置は、大脳からの電気エネルギーを測るばかりでなく、心臓に局所的に発生した電気変化を体表面から観察したり、記録したりするためにももちいられているので、私たちにもなじみの深い装置であろう。病院とは縁のない人でも、テレビの画面などで時折目にすることがあるのではなかろうか。

脳波とは何か

さて、睡眠のリズムのところでも述べたが、脳波はその波形からいくつかの種類にわけられる。目が覚めているときには、脳が活発に動いているときに出るベータ波と、心が安らいでいるときに出るアルファ波が区別される。睡眠中には、睡眠の深さによって、シータ波、紡錘波、デルタ波が観察される。

脳波とはいったい何であろうか。脳波は、脳全体の活動のようすを反映しているのではないかと考えられるかも知れない。おそらく、そのような期待のもとに、長い間脳波の研究がされてきたのであろう。しかし、実際には、脳波は脳のかぎられた部分の電気的な活動を示しているに過ぎないようである。

近年の研究によると、脳波は、大脳新皮質の中の錐体細胞からのびた樹状突起にあらわれる膜電位を頭皮の上から測ったものではないかと考えられている。大脳新皮質には、神経細胞が層状に並んでおり、全部で六つの層から成り立っている。

錐体細胞からは、大脳皮質の表面にむかって太い樹状突起が伸びている。視床から刺激が伝達されると、膜は興奮して、この樹状突起の先端にマイナスの電位を生じる（図14）。すると、樹状突起のもう一方の側に、電池のプラス極の役割をする状態が生み出される。

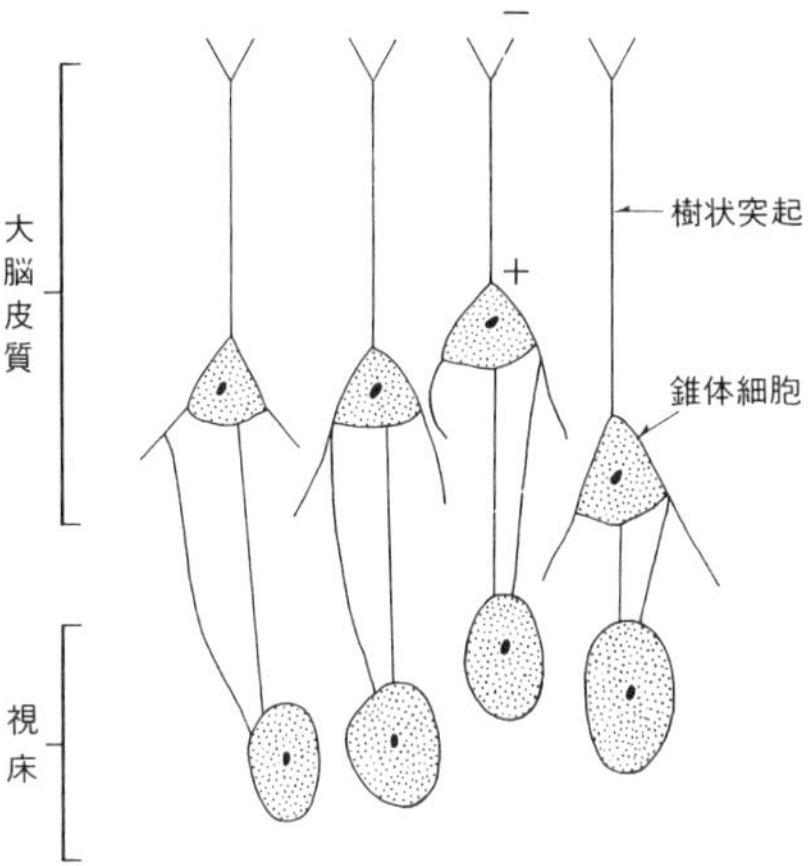

図14　脳波を生じる錐体細胞

それぞれの錐体細胞からは、大脳皮質にむかって樹状突起が伸びているので、大脳皮質の表面に、たくさんの電池をマイナス極を外側にむけて並べたような状態がつくられる。脳全体は、電気をよく通すゼリーでできているようなものであるから、この電池の集まりによって生じる電流を頭皮の上から測ったものが脳波ではないかと考えられている。

ここで、錐体細胞の樹状突起が電池の役

割をするためには、視床から刺激が送られてこなければならない。視床からの刺激がたくさんの錐体細胞に、いっせいにリズミカルに送られるから、脳波というような波として、電位変化が観察されるのであろう。したがって、リズムを考えていく上でいちばん知りたいことは、なぜ視床がリズミカルに刺激を出すかということである。視床でリズムがあらわれる機構について述べる前に、神経伝達物質について、少し説明しなければならない。

神経伝達物質は、軸索末端などから放出されて、刺激を次の細胞に伝達する物質であることはすでに述べた。神経伝達物質には二種類あり、一つはその伝達物質を受け取る細胞を興奮させるように働くものであり、もう一つは、受け取る細胞の興奮を抑えるものである。

興奮性の神経伝達物質としては、アセチルコリン、ノルアドレナリン、ドーパミンなどが知られており、抑制性の神経伝達物質としては、ガンマ・アミノ酪酸がある。

ガンマ・アミノ酪酸は、マイナスの電気を帯びた塩素イオンのチャンネルの扉を開かせる物質である。塩素イオンのチャンネルが開くと、マイナスの塩素イオンが流入し、細胞膜の内側はマイナスの電位に傾き、膜の興奮は抑えられる。

脳波のリズムはなぜ生じるか

さて、視床のリズムに話を戻そう。紡錘波は、睡眠の初期にあらわれる脳波である。この

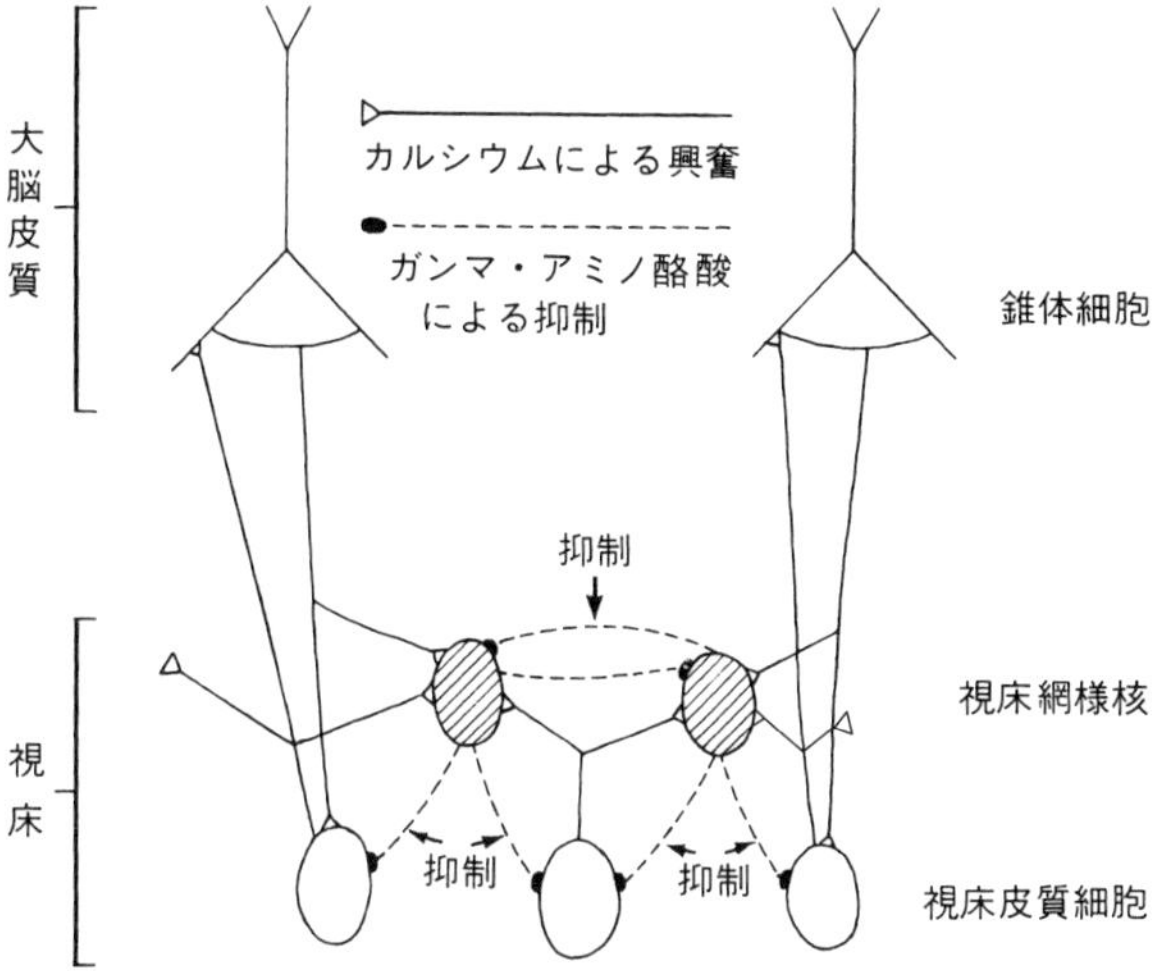

図15　視床網様核による脳波リズムの発生（M. Steriade et al., *Science*, Vol. 262, 1993より）

波は、七から一四ヘルツで一—三秒続く振動が三—一〇秒ごとに繰り返される。この振動の同調を起こさせるのが、視床である。

視床と大脳皮質の間には、おたがいに軸索がシナプスをつくって、入力と出力のネットワークを形成している。大脳皮質の第六層からは、視床後核と視床網様核と呼ばれる部分に軸索がのびて入力している。

視床網様核は、大脳皮質に入力している視床皮質細胞の軸索と、視床皮質細胞に入力している大脳皮質細胞の軸索の両方から刺激を受けて、ガンマ・アミノ酪酸を放出する（図15）。視床網様核細胞は、受け取った刺激を視床網様核の他の細胞や視床皮質細胞には伝達するが、大脳皮質には伝えない。

視床網様核のガンマ・アミノ酪酸放出細胞から情報を受け取ることによって、ほとんどの視床皮質細胞の興奮は抑えられる。しかし、一部の細胞で、カルシウム・チャンネルが開いて、カルシウムが細胞内に流入し興奮が起こる。この興奮がまわりの視床皮質細胞に広がって、それらの細胞は抑制状態から興奮状態に転ずる。

視床皮質細胞が興奮すると、ガンマ・アミノ酪酸が放出される。視床網様核と視床皮質細胞の間に密接な情報伝達網があるために、このような興奮と抑制のシーソー状態が繰り広げられ、これがリズムを発生させているのではないかと考えられる。一方、大脳皮質に伝えられた視床皮質細胞の興奮は興奮性の電位を生じる。これが大脳皮質の脳波として記録される。

この考えは、まだ仮説の段階であるが、リズムというのは、つねに、反応が一方向にだけ進まないで、あるところまでいくと引き戻されるときに生じるものであろう。

視床網様核を取り出してしまうと、視床の残りの部分や大脳皮質には紡錘波はあらわれなくなる。しかし、視床網様核の細胞は紡錘波のリズムを発信し続ける。これは、視床網様核細胞の間にネットワークが形成されていて、各細胞のリズムを同調させるためであろうと考えられる。

睡眠中にあらわれるデルタ波のリズムは、大脳皮質の第二、第三、第五層と視床の間で発せられる。紡錘波の場合とちがって、デルタ波は視床皮質細胞単独で発することができる。これは、次章で述べる心臓の拍動のリズム発生のメカニズムと似ている。しかし、この波が脳波として検出されるためには、たくさんの細胞から発せられる電位が同調しなければならないが、その機構はまだよくわかっていない。

脳幹の上部や後部視床下部からは、たくさんの軸索が大脳皮質やその他いろいろな部分にのびて接合している。この神経末端は、アセチルコリン、ノルエピネフリン、セロトニンなどいろいろな興奮性の神経伝達物質を出す。これらの神経伝達物質系が、視床皮質部に目覚めとレム睡眠に特有な低周期のリズムを生じさせる。目覚めているときや夢を見ているときには、これらの神経伝達物質が分泌されていることが確認されている。その神経伝達物質の刺激がなくなると、眠りに特有の脳波があらわれる。

7 心臓の拍動

胎児の心臓は、まだ心臓らしい形もできあがらないうちから一定のリズムで拍動をはじめる。そして、その個体が死ぬまでリズムを刻み続ける。胎児の心臓は、神経系ができるよりも前に拍動をはじめるが、できあがった心臓は、自律神経系の支配を受けている。

ホソヌタウナギの心臓を取り出して、酵素を使って細胞を一つ一つにわけることができる。このようにわけた細胞は、それぞれ勝手に拍動するが、これらの細胞をたがいに接触させると同調が起こって、おなじ速度で拍動するようになる。

心臓を支配する神経は、迷走神経の心臓枝と胸髄上部から出ている交感神経とからなっている。この二つの神経系統は、心臓に対して反対の作用をおよぼす。迷走神経内を走る副交感神経は、心臓に対して抑制的に働き、交感神経は促進的に働く。

これらの神経の作用は、心臓の拍動のリズム、心筋の収縮力、心臓内の興奮伝導、心筋の刺激に対する閾値《いきち》をコントロールすることである。そうした作用すべてにおいて、迷走神経は抑制的に、交感神経は促進的に働く。迷走神経の軸索末端からはアセチルコリンが、交感神経の末端からはノルアドレナリンが分泌される。

心臓はなぜ打つか

心臓はからだの中のポンプであるが、ポンプのメカニズムは、動物の種類によって異なっている。ヒトなどの高等な脊椎動物の心臓では、心臓全体が弛緩している状態から、左右両方の心房がほとんど同時に収縮期に入る。

心房が収縮すると、その血液は、心房の下側にある心室に送り込まれる。そのために、心室は、もともと心室にあった血液に加えて、心房から送り込まれる血液も受け入れることになる。

収縮が心室に伝わって、心室が収縮をはじめると、心室の内圧が高まって、心房と心室の間の弁が閉じる。心室の内圧がさらに高まると、大動脈弁、肺動脈弁が押し開かれて、血液が流れ出す。

血液の流出によって心室の内圧が下がると、大動脈弁、肺動脈弁は閉じて、血液の逆流を防ぐ。大静脈と肺静脈の血液は、弛緩している心房と心室に流れ込む。ふたたび、収縮は心房からはじまって、おなじ過程が繰り返される（図16）。

この運動が連続して起こるのは、心臓内のペースメーカー細胞に起こった興奮が心房筋、刺激伝達神経系、心室筋へと順序正しく伝達されるからである。

哺乳類の心臓では、上大静脈と右心房との境界部にある洞房結節が第一次ペースメーカーであり、房室境界部にある房室結節が第二次ペースメーカーである（図17）。これらのペースメーカー部位は、筋肉細胞でできている。いいかえれば、哺乳類の心臓の拍動は、筋肉細胞から発せられているということである。

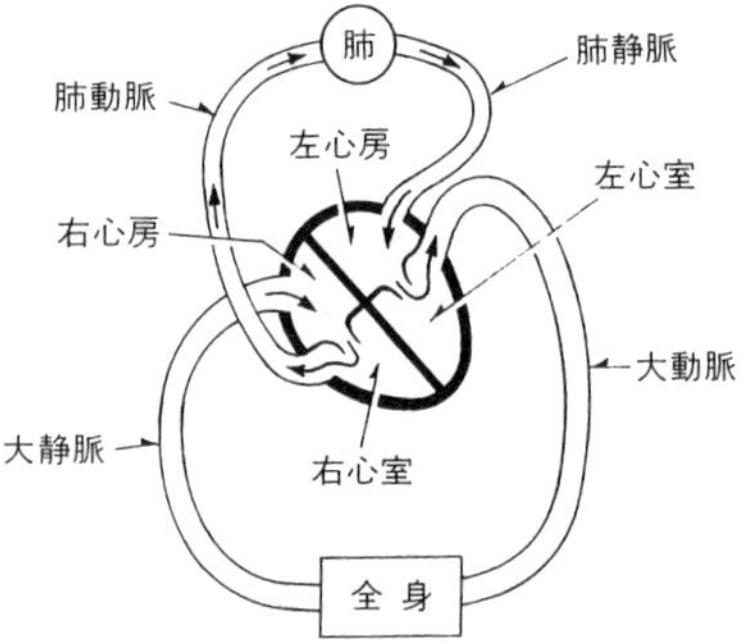

図16　脊椎動物の心臓

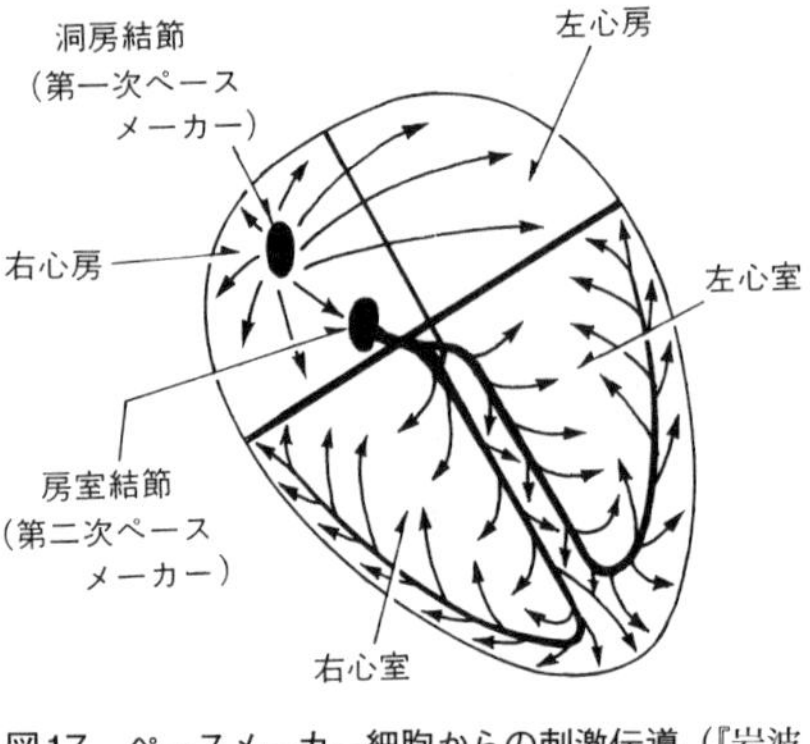

図17　ペースメーカー細胞からの刺激伝導（『岩波KAGAKU no ZITEN』より，一部著者の加筆あり）

心臓の拍動を生み出している細胞は、どの動物でも筋肉細胞であるとはかぎらない。カブトガニやエビの心臓では、神経細胞が拍動を生み出しているとされている。

心臓拍動の分子機構

ペースメーカー部位の筋肉細胞は、止まることなく拍動を繰り返している。洞房結節の筋肉細胞には、カリウム・チャンネルの数が少ない。そのため、静止時のカリウム・イオンの放出が少なく、静止時の電位のマイナスの値が低い。ヒトでは、他の細胞の静止電位がマイナス九〇ミリボルトくらいであるのに、洞房結節の筋肉細胞の静止電位はマイナス六〇ミリボルトくらいである。

これくらいの静止電位であると、わずかな揺らぎでカルシウム・チャンネルが活性化される可能性があり、細胞膜は電気的に不安定な状態にある。そのために、カリウム・イオンの流出がわずかに減少すると、膜はわずかに脱分極する（膜の内側がプラスに傾く）。これが刺激になって、カルシウム・チャンネルが少しずつ活性化され、膜はゆっくりと脱分極を続ける。結局、この脱分極電位が、心臓の拍動数をコントロールすることになるので、これをペースメーカー電位と呼んでいる。

脱分極電位が、活動電位を起こさせるに十分な大きさ（閾値）に達すると、活動電位が生じる。心臓の筋肉細胞には筋小胞体があって、カルシウム・イオンが蓄えられている。脱分極電位がカルシウム・チャンネルを開き、流入したカルシウム・イオンが引き金となって、筋小胞体から大量のカルシウム・イオンが放出される。このカルシウム・イオンが活動電位を生じさせる。

ここで放出されたカルシウム・イオンが、トロポニンという筋肉のタンパク質と結合して、筋肉の収縮を引き起こすところは、骨格筋の場合とおなじである。

筋肉がリズミカルに収縮するためには、収縮と弛緩を繰り返さなければならない。心筋が収縮期ののちにすぐに弛緩するのは、細胞内に放出されたカルシウム・イオンが短時間のうちに筋小胞体に回収されるからである。カルシウム・イオンの回収のために、筋小胞体の上には強力なカルシウム・ポンプが備わっている。このポンプで、細胞内のカルシウム・イオンを小胞体の中に汲み込むのである。

心筋細胞の間には、細胞膜が密着したギャップ・ジャンクション（ギャップ接合）があり、細胞どうしが機能的に密接に連結されている。一つの細胞で発生した活動電位は、隣の細胞にわずかな電位変化を伝え、それが刺激になって、その細胞のカルシウム・チャンネルが開くというように、興奮が細胞から細胞へと波状に伝わっていく。

交感神経が刺激されると、ノルアドレナリンが放出され、ペースメーカー電位が速く立ち上がるために心拍数が増加する。夜になると、迷走神経の活動が優位になる。迷走神経の軸索末端からアセチルコリンが分泌されて、膜のカリウムの透過性が高まる。その結果、カリウムが流出して、ペースメーカー電位は抑えられる。したがって、心臓の拍動の速度を決めているのが、このペースメーカー電位ということになる。

心臓の拍動もまた、神経のコントロールのもとに、カリウムやカルシウムが放出されたり回収されたりという繰り返しによって、一定のリズムをたもっているのである。

8　非線形振動

神経系に生じるいろいろなリズムの例を見てきたが、いずれも、刺激と密接に関連した現象である。生体に発する電位変化を測るためには電極をつけなければならない。

電極は、はじめは大きなものであったが、一〇〇年にわたって改良が続けられた結果、現在では、一つの細胞の中の電位変化を調べることもできるようになった。これには、電圧計の改良も大きく貢献している。

神経のインパルスと振り子

一つの細胞の発する電気信号をインパルスと呼ぶ。神経細胞のインパルス（図18）は、刺激の強さが一定の閾値以上に達したときに発生し、刺激が閾値以下であれば膜の興奮は起こらない。刺激が閾値を超えて強くなった場合には、発生するインパルスの頻度が増えるが、インパルスの大きさは常に一定である。

神経の問題から少し離れて、振り子の振動を考えてみよう。一点で固定されている振り子を、手でもって、あるところで離すと、振り子は振動する。そのときの振幅は、振り子をどこまでもち上げて離すかという初期値によって変わってくる。この振り子をどこまでもち上げるかということが、神経の場合の刺激の大きさに相当する。

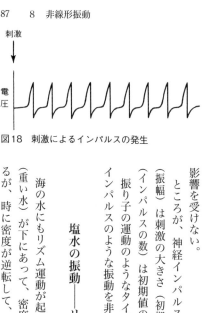

したがって、神経のインパルスの発生のしかたは、振り子の振動とは異なることがわかる。振り子の場合には、初期値の大きさにしたがって振幅が変化するが、振動数は初期値の影響を受けない。

ところが、神経インパルスの場合には、インパルスの大きさ（振幅）は刺激の大きさ（初期値）の影響を受けないが、振動数（インパルスの数）は初期値の影響を受ける。

振り子の運動のようなタイプの振動を線形振動と呼び、神経のインパルスのような振動を非線形振動と呼ぶ。

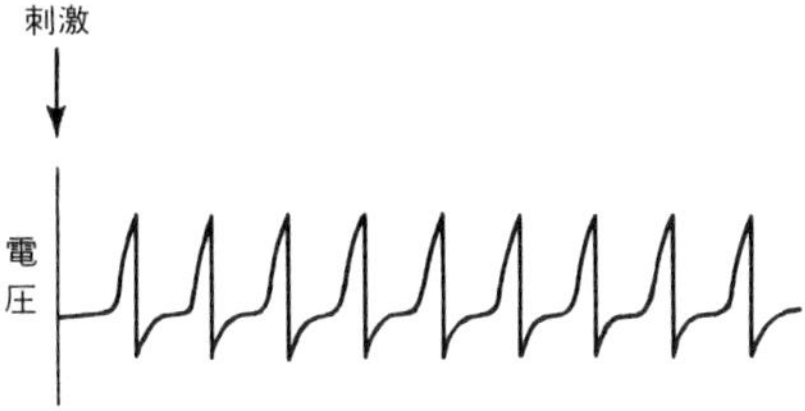

図18　刺激によるインパルスの発生

塩水の振動——リミット・サイクル振動

海の水にもリズム運動が起こっている。海水は、密度の高い水（重い水）が下にあって、密度の低い水が上にあるのが普通であるが、時に密度が逆転して、密度の高い水が上にくることがある。このような状態のときに塩水の上下運動のリズム現象が見られる（図19）。

大小二つの容器を準備し、大きい方の容器には真水を入れる。小さい方の容器に塩水を入れて、大きい容器の上から真水につかるようにつるす。このときに、大小二つの容器に入っている水の面の高さをおなじにする。

こうしておいて、小さい方の容器の底に直径一ミリくらいの穴をあける。すると、小さい容器の中の塩水がその穴から真水の方に流れ込む。

数秒から数十秒この流れが続くが、そのうちに突然流れの向きが変わって、真水が塩水の方へ流れ込むようになる。このような流れがしばらく続くと、流れの向きはふたたび逆転する。このリズムが数十～数百回続く。この間に容器をゆすってリズムを乱しても、かならずもとのリズムにもどる。

塩水の上下運動のリズムの周期や振幅は、はじめの塩水の水面の高さ（初期値）の影響を受けない。この運動は、振り子運動とちがって、次第に振幅が小さくなる（減衰する）ということはなく、長時間にわたって運動が続く。

振り子運動の場合には、振動の運動エネルギーが摩擦により熱エネルギーとして逃げていくために運動が減衰する。塩水の上下運動の場合には、密度の高い塩水が上にあり、密度の低い真水が下にあるという、重力的に不安定な状態にあり、この不安定な状態にエネルギーが蓄えられているとみなすことができる。

小さい容器から塩水が流れ出すときには、比重の差があるために、流れ出た塩水は下向きの加速度を受ける。この勢いに引きずられて、小さい容器の底の方の塩水も下向きの加速度を受けることになる。

そのために、いったん小さい容器から塩水が流れ出すと、次々に流れ出そうとする。塩水がある程度流れ出してしまうと、塩水の水面と真水の水面の高さの差が増して、流れを止める力が働くようになる。

ついに塩水の流出は止まり、今度は真水が小さい容器の方に流れ込むようになる。この場合もいったん真水の流入がはじまるとしばらく上向きの流れが続く。やがて、真水の水面と塩水の水面の差が小さくなったところで、また水流の向きは逆転する。

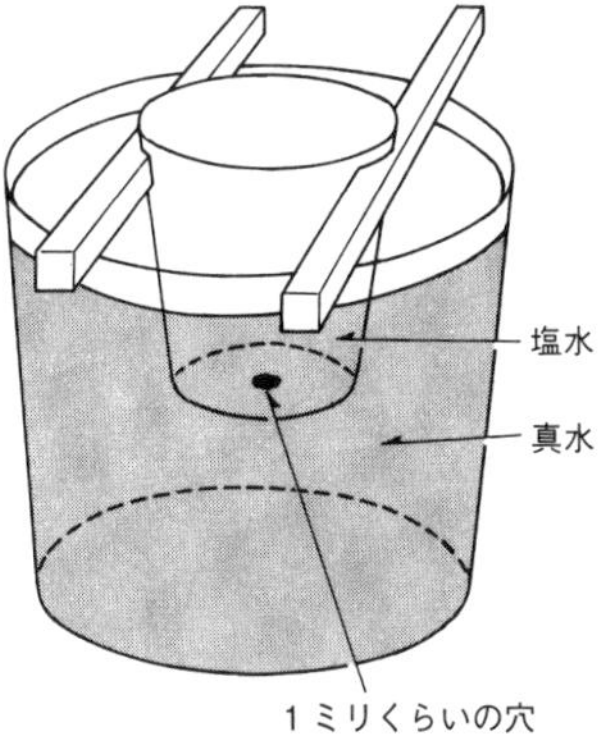

図19　塩水の上下運動の実験

この塩水と真水の上下運動のリズムのように、外からの攪乱に対して安定であり、初期条件にも依存しないようなリズムをもつ振動をリミット・サイクル振動という。リミット・サイクル振動は、非線形振動の場合にのみあらわれる現象である。

この場合の水の流れのように、一度変化が起こると、その変化が次々に引き続き起こるような反応を自己触媒的であるという。また、水面の差の変化によって、一方向の反応が制御されて、自動的に反応の方向が調整されるのは、フィードバック（閉ループを形成して、出力側の信号を入力側にもどすこと）と見ることができる。

周期的なリズムをもつリミット・サイクル振動は、自己触媒的であり、しかもフィードバック制御されているような系で起こる。

神経細胞の興奮とリミット・サイクル振動

神経における刺激とインパルスの関係も、塩水の上下運動とよく似たパターンを示すが、細胞の膜は複雑な構造をもっており、塩水が容器の穴を通って拡散する現象とはかなり異なっている。

細胞の膜は、二重の脂肪の層でできている。この膜は、電気を帯びていない小さい分子（たとえば酸素や炭酸ガスや水）は通過させるが、イオンや大きな分子は通さない。これらの分子が膜を通過するためには、特別なタンパク質の助けが必要である。

分子の通過を助けるタンパク質には、キャリアー・タンパク質とチャンネル・タンパク質の二つの種類がある。キャリアー・タンパク質は、膜を通過させたい分子に結合して、その分子の形を変えて運び出すタンパク質である。

チャンネル・タンパク質は、これまでもたびたび出てきた通り、何かの刺激を受けて扉を開いて、イオンなどを通過させるタンパク質である。チャンネル・タンパク質は、脂肪の二重層を貫通して門をつくっている。

さて、強い刺激があたえられたときには、その細胞の中に発生する電位が大きくなるのではなく、インパルスの数が増すということを述べた。強い刺激がきたときに、神経細胞の中で起こる過程をくわしく見てみよう。

膜が閾値以上に脱分極すると、それが刺激になってナトリウム・チャンネルが開くために活動電位が生じる。この活動電位が刺激になって、さらに多くのナトリウム・チャンネルが開く。これは自己触媒反応である。

ナトリウムの流入は、膜が平衡電位に到達するまで続く。平衡電位というのは、刺激を加えてもそれ以上イオンの移動が起こらない膜電位のレベルである。たとえば、ナトリウム・イオンが細胞内に流れ込んできて細胞内電位がプラスに傾いたときに、あるところまでいくと、それ以上ナトリウムが入らなくなってしまう。その電位が平衡電位である。平衡電位は、イカの軸索を例にとると、ナトリウムがプラス五五ミリボルト、カリウムがマイナス七五ミリボルト、塩素がマイナス六五ミリボルトである。

ナトリウムの平衡電位に達すると、ナトリウム・チャンネルは閉じて、不活性化された状態になる。不活性化されている状態では、外から刺激が加えられても反応できない。さらにカリウム・チャンネルが開き、カリウムが放出される。このようにして、膜は急速にカリウムの平衡電位に達する。

こうして、膜が脱分極した状態が消失すると、カリウム・チャンネルは閉じて、ナトリウム・チャンネルは、ふたたび刺激を受けられる状態に回復する。これらの一連の過程は、ミリ秒単位の速さで起こる。

したがって、どんなに強い刺激がきても、ナトリウムの流入は、ナトリウムの平衡電位に達したところで止まり、膜の脱分極状態はなくなる。しかし、ミリ秒単位の速さで次の刺激が受け入れられ、ふたたびインパルスを発する。その結果、刺激の強さは波の大きさには関係なく、インパルスの頻度を上げることになる。

この場合も塩水の場合とおなじように自己触媒反応であり、平衡電位が存在するために、フィードバック制御がかかっている。その結果、周期的なリズムをもつリミット・サイクル振動が生じることになる。

これまでに見てきたサーカディアンリズムや脳波でも、リズム発生の機構は、まだはっきりとはわかっていないが、自己触媒性とフィードバックという押したり引いたりの関係が示唆されていた。

9　線虫の運動のリズム

線虫類はミミズよりずっと下等な動物であるが、外見は環状模様のないミミズといったいでたちである。ただし、大きさはいろいろで、〇・二ミリくらいのものから、九メートルにおよぶものまで知られている。

線虫類は、昆虫とともに地球上でもっとも繁栄している動物種で、現在約一万五〇〇〇種の存在が確認されているが、全体では五〇万種もあるのではないかと考えられている。

線虫類は、土の中や淡水、海水中にすむが、動物や植物に寄生しているものも多い。脊椎動物に寄生する線虫類は六五〇〇種類も知られており、回虫もその一つである。

線虫のからだは細長く、前端に口、後部に肛門がある。皮膚の下には筋肉層があり、その内側に消化管、生殖器、排泄組織などがある。口に続く消化管が食道であるが、食道を環状に取り囲む神経輪と呼ばれる部分が脳に相当する。神経輪から、からだの前後に軸索が延びている。

セノルハブディティス・エレガンス（*Caenorhabditis elegans*, Cエレガンスと略す）は、〇・三ミリくらいの線虫の一種である。土の中のバクテリアを食べて生きているが、実験室で手軽に飼うことができるので、くわしく研究されている。

線虫は、地面をミミズのように這い、水の中をヘビのように泳ぐことができる。這っている線虫をよく見ると、皮膚の下の筋肉の動きが波状に広がっていくのがわかる。

虫はなぜ這うか

Cエレガンスの頭に触れると、Cエレガンスはあとずさりするが、そのときに背側と腹側の筋肉が交互に収縮と弛緩を繰り返しているのがわかる。

Cエレガンスの三〇二個の神経細胞のうち、ガンマ・アミノ酪酸（抑制性の神経伝達物質）を出している神経細胞が二六個ある（図20）。これらの神経細胞は、おもに腹側にあり、図に示したような記号で呼ばれている。

DDとVDは運動神経細胞で、筋肉細胞と接合している。DD細胞やVD細胞を細いレーザー光で殺してから、Cエレガンスの頭に触れると、Cエレガンスは背側と腹側の筋肉を同時に収縮させる。この場合には、Cエレガンスは、うしろに下がることはできず、ただ縮んでしまうだけである。

この実験結果から、DD細胞とVD細胞は、Cエレガンスの移動の際に背側と腹側の筋肉が同時に収縮することを防いでいるのであろうと推測できる。このDDとVDの働きに、ガ

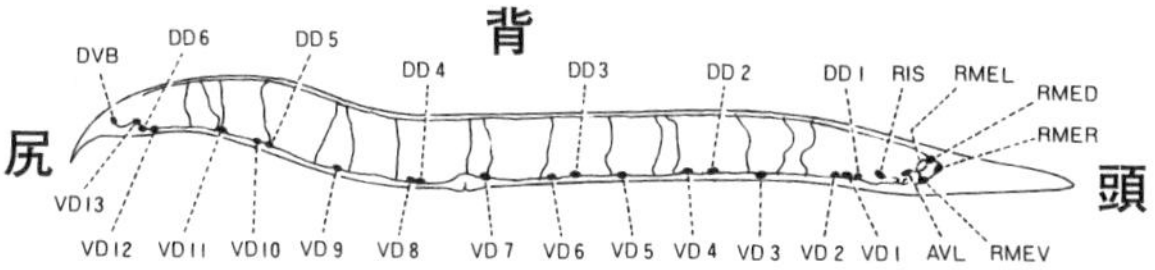

図20　線虫Cエレガンスの神経細胞のうち，ガンマ・アミノ酪酸を出す神経細胞（S. L. McIntire et al., *Nature*, Vol. 364, 1993より）

ンマ・アミノ酪酸が関与しているのであろうか。

Cエレガンスには、ガンマ・アミノ酪酸を合成できない突然変異体がある。この突然変異体の頭に触れると、ちょうどDDとVDをレーザーで殺した場合とおなじように、Cエレガンスはあとへ下がれずに縮んでしまう。DDとVDは、ガンマ・アミノ酪酸の働きによって、Cエレガンスが縮んでしまうのを防いでいるのであろう。

神経細胞の結合のしかたを調べてみると、運動神経細胞であるDDやVDは、腹側にあるにもかかわらず、軸索を通して背側の筋肉と接合していることがわかる。DDやVDは、筋肉細胞にガンマ・アミノ酪酸を放出して収縮を抑制することによって、からだの屈曲をフィードバック・コントロールしているように思われる。

興奮性の運動神経細胞であるVAやVBが腹側の筋肉を収縮させるような刺激を送るときには、DD運動神経も同時に興奮していると考えられる。DDが興奮すると、ガンマ・アミノ酪酸を放出して、背側の筋肉を弛緩させるのであろう。

片側の神経が興奮すると同時に、もう一方の神経が抑制サインを送るという巧妙な機構によって、筋肉の収縮と弛緩のリズムが繰り返され、Cエレガンスは移動できるものと考えられる。

頭を振り過ぎないために

Cエレガンスは食べ物を探すときに頭を振り動かすが、そのために必要な頭の筋肉にRME神経細胞が接合している。

正常な動きのときには、Cエレガンスは鼻の先を小さい弧を描くようにすばやく動かす。四つのRME神経細胞をレーザー光で殺すと、Cエレガンスは頭を鉤針《かぎばり》のように大きく曲げるようになり、鼻先だけで弧を描くというすばやい運動はしなくなってしまう。

したがって、RMEは、頭が動き過ぎないように調節しているようである。ガンマ・アミノ酪酸をつくれない突然変異体でも、RMEを殺したときとおなじように、頭を大きく振るようになる。これらの結果は、ガンマ・アミノ酪酸が頭を大きく振り過ぎる運動を抑えていることを示している。

RME神経細胞には、頭と鼻の感覚器からの神経が接合している。そして、神経細胞から長い軸索を伸ばして、からだの反対側にある筋肉細胞につながっている。これは、DDやV

Dの場合とよく似た接合のしかたである。

このように、食べ物を探して頭を振る正常なリズムも、筋肉の収縮と同調して起こる弛緩によって生じているのであろう。ここでもリズムの発生に、刺激と同時にフィードバック・コントロールが重要な役割をはたしているようである。

10　受精波

私たちの生命は、卵と精子が受精した瞬間から時を刻みはじめる。魚類や昆虫類では、卵の膜に狭い入り口があり、精子が一匹入ると、その口が閉じてしまうので、二匹以上の精子は入れない。しかし、ヒトを含めた多くの種では、このような精子の入り口はないので、卵の表面の状態に変化が起こって、二匹以上の精子が入れないようになる。

カルシウム・イオンに特異的に反応して光を発するエクオリンという薬品がある。卵にエクオリンを注射しておいて精子を加え、暗視野ビデオ顕微鏡で時間を追ってウニの受精卵を撮影する。すると、精子の入った卵上の一点から、卵の表面をカルシウムが波状に広がっていくのが観察される（図21）。カルシウムの波は、二、三分で卵全体に広がる。この波は、ウニ、ヒトデ、メダカ、カエルや哺乳類の卵でも観察されている。これが受精波である。

精子が卵に達すると

ウニの受精の過程は非常によく研究されているものの一つである。ウニの卵は、多糖類で

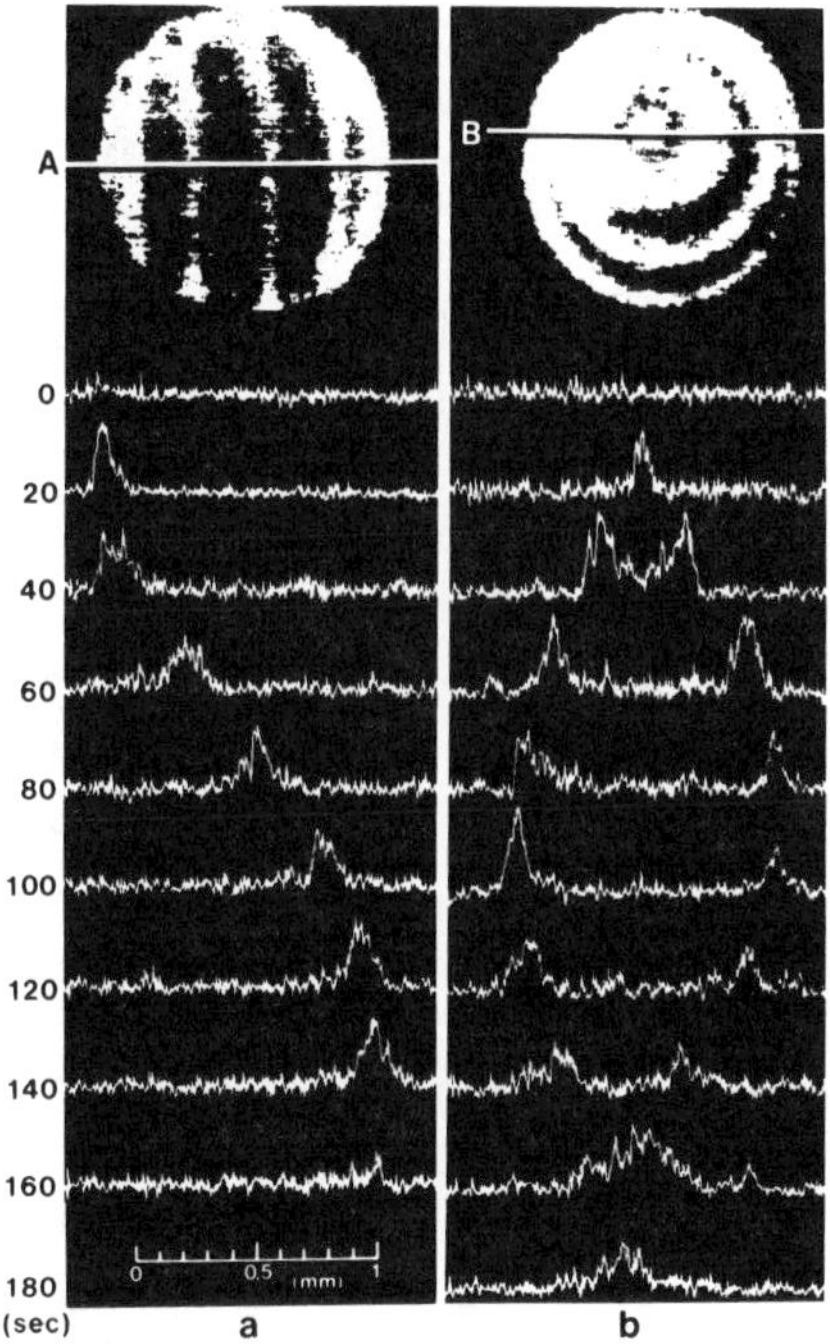

図21　エクオリン発光強度分布によって示されたCa^{++}の波の伝播の様子．aは卵軸を水平に置いたもので，左端が卵門．bは卵軸を垂直に，卵門を真上に置いた別の卵．最上段にある卵の写真（画像処理で重ねたものを撮った写真）に示された横断線（AとB）に沿って，発光強度分布を時間を追って表示．左端の数字は，受精後の時間（秒）．（平本幸男氏提供）

できたゼリーの膜におおわれている。精子がゼリー膜に触れると、数秒以内に尖体反応が引き起こされる。尖体反応というのは、ゼリー膜に接触した精子の頭から、尖体という突起が伸びて、ゼリーの膜に挿入される反応である。

尖体は、卵の卵黄膜を溶かして、細胞膜と融合する。このようにして、精子の核は卵の中

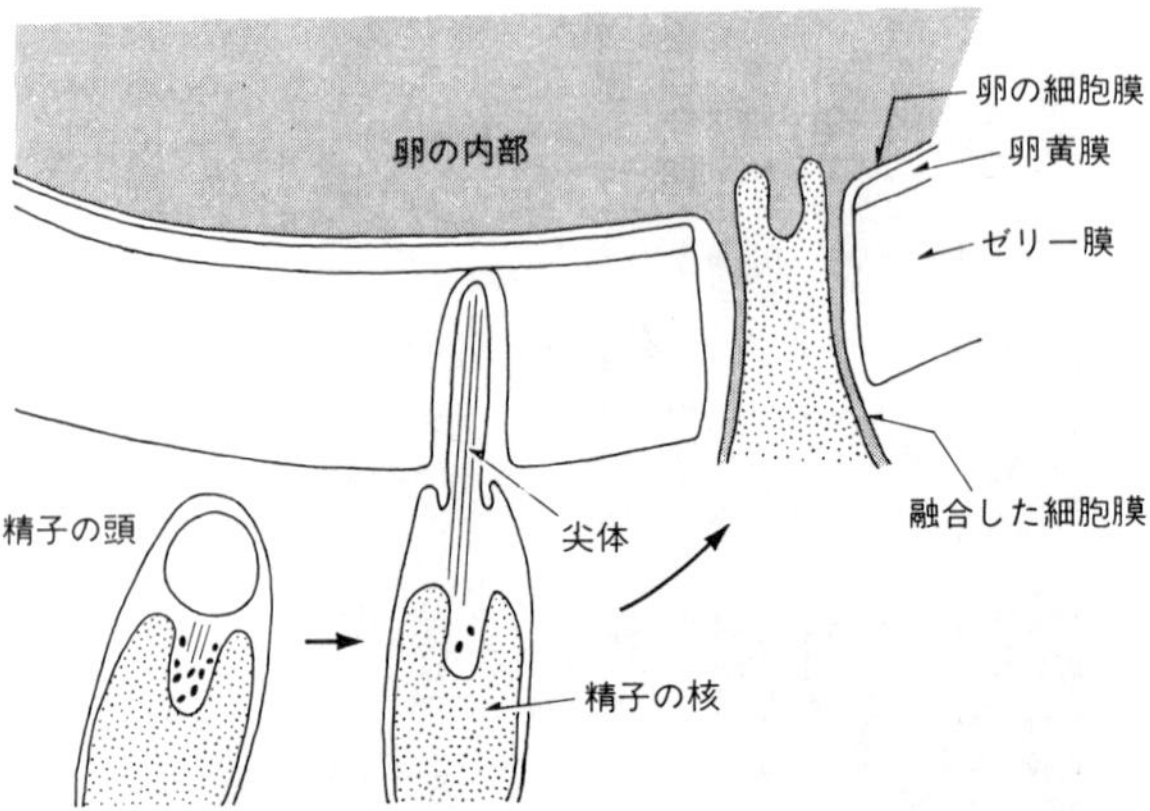

図22　ウニの受精

に入ることができるのである（図22）。尖体反応の機構をもう少しくわしく見てみよう。

ゼリー膜の多糖類が精子の細胞膜の多糖類と結合すると、精子の細胞膜が脱分極する。この脱分極によって、カルシウム・チャンネルの門が開いて、精子の中にカルシウム・イオンが流入する。

ゼリー膜の多糖類はまた、精子の細胞膜の陽イオン・ポンプを活性化する。その結果、精子の中から水素イオンが汲み出され、かわりにナトリウム・イオンが流入する。このようなイオンの動きによって、尖体反応が引き起こされると考えられている。

一方、精子の接触は卵を活性化して、分化のプログラムのスイッチを入れることになる。精子が卵に接触すると、数秒のうちに卵の膜のナトリウム・イオンに対する透過性が増して、ナトリウムが流入するために膜が脱分極する。

また、精子の接触後数秒以内に、環状アデノシン二燐酸リボースが働いて、細胞内の小胞体からカルシウムが放出され、細胞内のカルシウム濃度が上昇する。このカルシウム・イオンの上昇が、エクオリン染色によって受精波として観察されるのである。

さらに、精子の接触から一分以内に、水素イオンが細胞外に汲み出され、ナトリウム・イオンが流入する。このようなイオン濃度の変化によって、二匹目の精子が受精することを防ぐように膜の状態を変化させるとともに、発生のプログラムが動きはじめる。

受精における初期の反応は、特にカルシウム・イオンに強く依存している。カルシウム・イオンが発生のプログラムを動かしはじめる機構は、ホルモンから情報伝達系を通って種々の酵素が活性化される機構と本質的に変わらないと考えられている。

ホルモンが酵素の目を覚まさせる

ホルモンによる酵素の働きの活性化の話がでてきたので、少し脇道にそれるが、その機構を説明しておこう。やや複雑ではあるが、そこまでわかってはじめて外部からの刺激で生じたリズム信号が細胞の活性とどのようにカップルしているのかを見通すことができるであろう。

ホルモンや神経伝達物質から酵素の活性化にいたる反応では、サイクリックAMP（環状アデノシン一燐酸）やサイクリックGMP（環状グアノシン一燐酸）、カルシウム、Gタンパク質などが重要な働きをしている。これらの反応も自己触媒的でフィードバック制御のかかる系であるので、ここにも周期的なリズムが生じる可能性が秘められている。

細胞膜の上には、いろいろなホルモンや神経伝達物質に対する受容体タンパク質がある。細胞膜上の受容体タンパク質にホルモンなどが結合すると、細胞膜に結合しているアデニル酸シクラーゼという酵素が活性化される。細菌では、受容体タンパク質とアデニル酸シクラーゼが直接に反応するが、動物細胞では、Gタンパク質がこの反応に介入する（図23）。ホルモンと結合した受容体タンパク質の信号を受けて、Gタンパク質にグアノシン三燐酸（GTP）が結合する。次にこの複合体が、アデニル酸シクラーゼを活性化して、アデノシン三燐酸（ATP）をサイクリックAMPに変化させる。Gタンパク質－GTP複合体のGTPは、Gタンパク質自身によってGDP（グアノシン二燐酸）に分解され、その結果、この複合体は不活性化される。

動物細胞では、Gタンパク質が関与することで、一つのホルモン分子によって送られる情報を増幅できるようになった。Gタンパク質は、情報の増幅だけではなく、アデニル酸シクラーゼの活性化を外部からの情報に合わせて速やかにコントロールする上でも重要な働きをしている。おそらくこれらが、細菌にはないGタンパク質というものが進化の過程で動物細

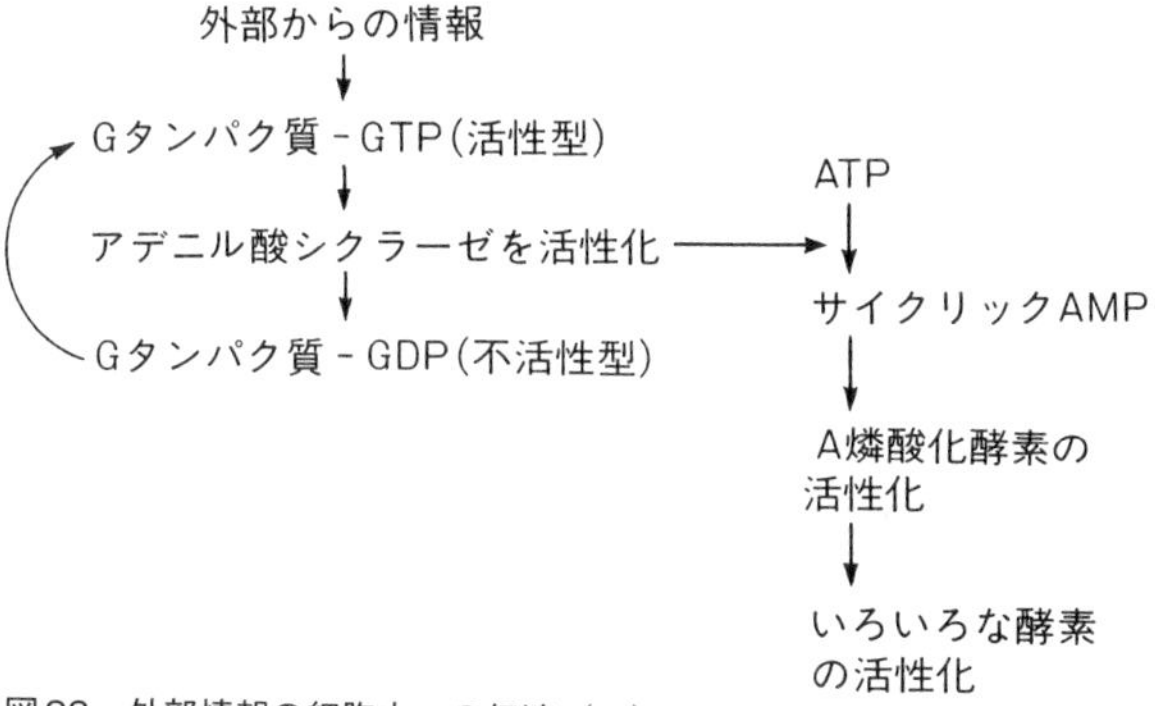

図23　外部情報の細胞内への伝達（1）

胞に介入することになった理由であろう。

また、Gタンパク質には、構造が少し変化しているために、アデニル酸シクラーゼの活性化を阻害するものもある。このように、外部からの情報が細胞膜に伝えられた段階で、情報の増幅、抑制をすばやくコントロールするのがGタンパク質である。

さて、細胞の中では何が起こるのであろうか。アデニル酸シクラーゼの働きでATPからつくられたサイクリックAMPは、細胞の中でサイクリックAMP依存性タンパク質燐酸化酵素（A燐酸《リンサン》化酵素）を活性化する。これは、特定のタンパク質の特定のセリンとトレオニンを認識して燐酸化する酵素である。細胞内で、A燐酸化酵素によって燐酸化されるタンパク質はすべて調べつくされたわけではないが、いろいろな酵素の燐酸化が細胞内で多様な反応を引き起こすものと考えられる。燐酸化によって酵素は目を覚まされることになる。

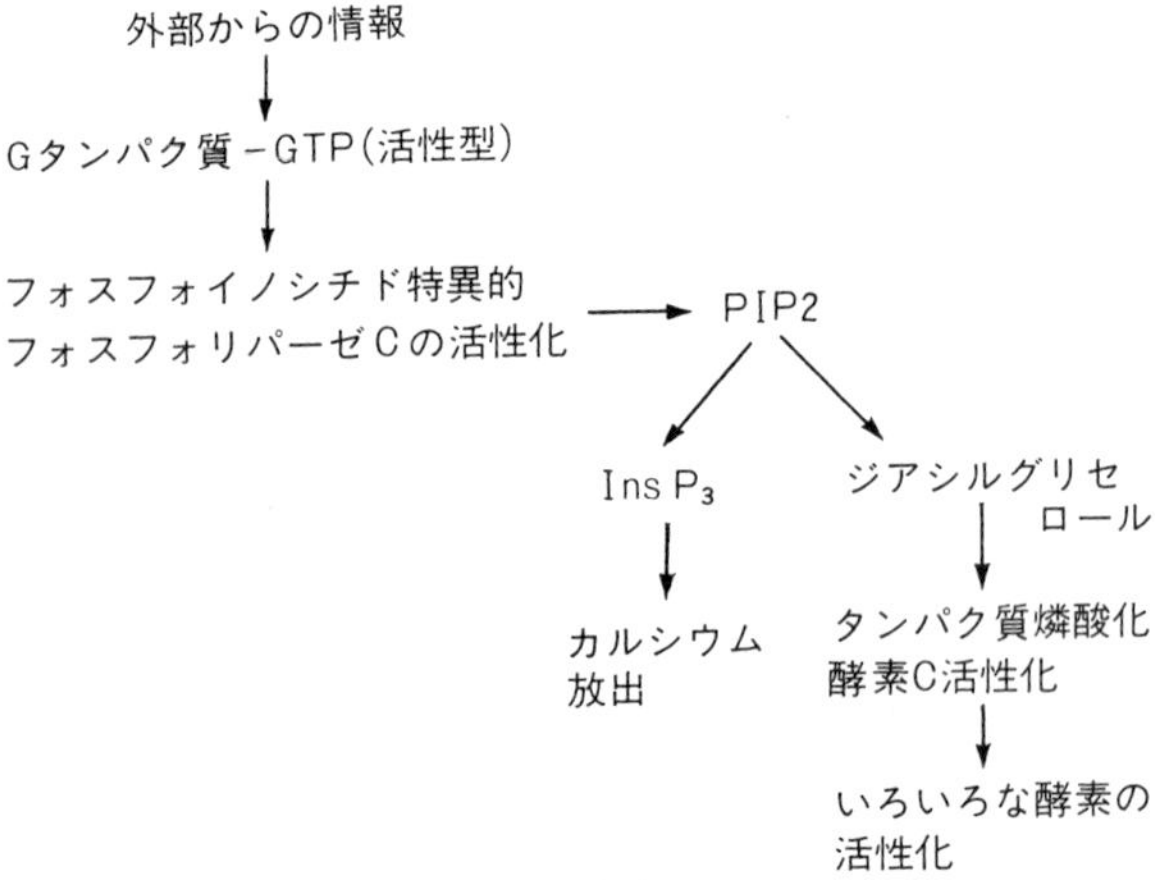

図24　外部情報の細胞内への伝達（2）

もう一つのGタンパク質の作用（図24）は、フォスフォイノシチド特異的フォスフォリパーゼCを活性化することである。この酵素は、フォスファチジルイノシトール二燐酸（PIP2）を加水分解して、イノシトール三燐酸（$InsP_3$）とジアシルグリセロールを生じさせる。

イノシトール三燐酸は、細胞内のカルシウム小胞に作用してカルシウムを放出させる。一方、ジアシルグリセロールは、細胞膜のタンパク質燐酸化酵素Cを活性化する。この酵素によって、細胞内のいろいろな酵素が燐酸化され、活性化される。

ホルモンなどの外部刺激が取り除かれると、Gタンパク質の働きはすぐに停止する。細胞内に存在するサイクリックＡＭＰは、分解酵素によって分解され、カルシウムは小胞内に回収されて、外部刺激によって誘起された細胞内反応は短時間のうちに停止する。

このように、カルシウムやサイクリックＡＭＰは、細胞内の情報伝達物質（セカンド・メッセンジャー）として、重要な役割を担う分子である。受精の最初の段階で、カルシウムの波が卵の表面を広がっていくことも、単なるイオンの広がりではなく、受精卵の中で起こるべき反応と関連しているものと考えられるのである。

生命の第一段階からカルシウムが重要な役割を演じていることがわかったが、カルシウムは本来細胞に対して毒性をもつ。したがって、細胞の中に流入してきても、すぐに小胞などに回収しなければ、細胞は死んでしまう。そのようなイオンの瞬間的な存在をパルス信号として使っている細胞のしたたかさには驚かざるを得ない。

11　細胞分裂のリズム

私たちは、一個の受精卵が分裂を繰り返してできあがったものである。卵と精子が接触することによって、発生のプログラムのスイッチが入り、細胞の分裂がはじまる。一個の受精卵（細胞）から多細胞の個体をつくりあげるためには、何はともあれ、細胞の数を増やさなければならない。

細胞の中には核があり、その中に遺伝情報を担っているＤＮＡと呼ばれる糸状の分子がある。細胞を増やすためには、ＤＮＡをまず二組に増やして、その一組を新しい細胞にも配ってやらなければならない。

細胞を増やすというのは、分家を出すようなものであるから、その家の掟を記したＤＮＡという巻物をきちんと書きうつして、新しい細胞にもたせてやらなければならない。

ＤＮＡを巻いた染色体

ヒトの受精卵の中にあるＤＮＡ分子の長さは二メートルもある。これが、直径〇・一ミリくらいの卵の核の中に入っているのである。受精卵が分裂を繰り返すうちに細胞の大きさは〇・〇一ミリくらいになるので、この中に二メートルのＤＮＡが入っていることになる。直径〇・〇一ミリの細胞の、しかもその核の中に二メートルものＤＮＡを入れなければならないので、ＤＮＡの糸はぎりぎりと幾重にもコイル状に巻かれて、棒状の構造をつくっている（図25）。この棒のことを染色体と呼ぶ。

棒状に巻かれた状態では、ＤＮＡに書いてある情報をうまく読み取れない。そこで、新しいＤＮＡ分子をつくるときには、染色体構造をほぐして糸状にしなければならない。そして、新しいＤＮＡができあがったら、それをまた棒状の染色体に巻き戻して新しい細胞に配るのである。

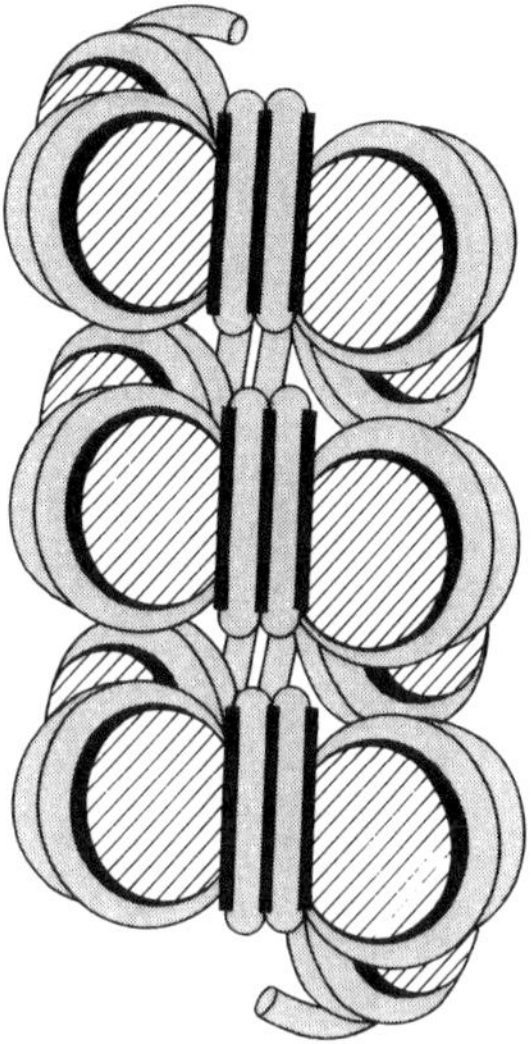

図25　コイル状に巻いたDNA

さらに、DNA以外の要素、たとえば、細胞質とか細胞膜も増やして、二つの細胞にわけなければならない。DNAの合成、染色体の分配、細胞の分裂という一連の過程を細胞分裂の一周期という。

これだけの過程が、細胞ごとにまちがいなく繰り返されている。特に受精卵の分裂は速く、イモリでは最初の分裂が五―七時間かかるが、第二分裂からは、二時間に一度という速さで細胞分裂が起こる。

哺乳類では、やや分裂が遅く、マウスの例では、最初の分裂が終わるまでに二四時間かかる。分裂が進み、細胞数がある程度増えると、五時間に一度の速さで分裂する時期がある。

このように、細胞の分裂速度はいつも一定なのではない。一般に、成長期の個体の細胞は速く分裂し、成熟した（分化した）細胞は分裂が遅いか分裂しない。このような調節があるために、動物が無限に大きくなるということはなく、一定の範囲内のサイズにとどまるのである。

細胞の分裂周期は、一九〇〇年代の初めに、光学顕微鏡をもちいて盛んに研究された。その頃の顕微鏡でも染色体を見わけることができたし、細胞が二つにわかれる過程も観察できた。

細胞自体は透明で、顕微鏡で観察しにくいので、染色方法がいろいろ研究された。そのような染色液で特によく染まるものが細胞の中にあり、それを、当時の人は染色体と名づけた。これがDNAを含み、遺伝情報を担う重要な構造だとわかったのは、のちになってからである。

細胞の分裂速度は変化するものであるが、細胞分裂の全プロセスが変化するのではない。たとえば、DNAを合成する過程の速度は変化しないし、染色体がわかれていく速度も変化しない。変化するのは、それらの過程の間にある休止期の長さである。

細胞分裂の四つの段階

細胞分裂によって新しく生まれた細胞は、G_1期と呼ばれる休止期にはいる。この時期には、細胞全体としての合成活動は活発におこなわれているが、細胞分裂という視点からいうと休止状態である。

G_1期の次にDNA合成期が続く。この時期はS期と呼ばれる。DNA合成期は、既存のDNAを鋳型にして、新しいDNAをつくる過程である。この時期には、染色体はほぐれているので、光学顕微鏡で見ることはできない。S期のあとに、短い休止期であるG_2期がある。

G_2期に続く時期には、DNAが凝縮して、染色体が顕微鏡で見えるようになってくる。これは、DNAがぐるぐるとコイル状に巻かれている時期である。この時期はM期と呼ばれている。染色体は、いったん細胞の中央に並んでから、二つの均等なグループにわけられて、

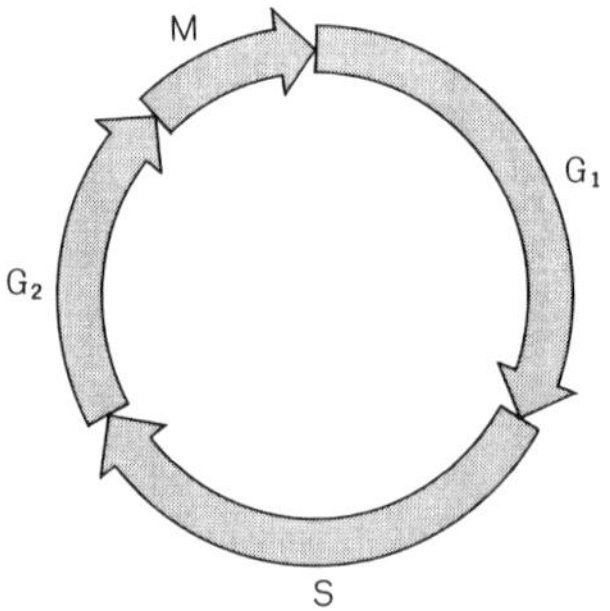

図26　細胞周期

細胞の両極に引かれていく。そのあとで細胞質と細胞膜が二つにわかれて、細胞は二つになる。そして、ふたたびG_1期に入る。

したがって、細胞分裂の一周期というのは、G_1→S→G_2→Mという四つの過程から成り立っている（図26）。この四つの過程の中で細胞分裂の速度を左右しているのはG_1期である。細胞分裂の速度が速いときにはG_1期がほとんどなく、分裂速度の遅いときはG_1期が長くなっている。

細胞分裂の機構を調べる

マウスやヒトのからだの一部（たとえば肝臓とか皮膚）の細胞を取り出して、培養液の中で培養することができる。このときに、取り出したばかりの細胞は生体外という環境に適応できず、やがて死んでしまう。しかし、それらの細胞の中から、培養という条件でも生育できるものが出てくる。このような細胞の分裂周期を同調させる方法がいくつか知られている。

その一つは、DNA合成に必要な素材を一つだけ培養液から抜いておく方法である。細胞は、G_1期をめぐって、S期に入る準備がすべて整うところまでいくが、素材が一つ足りないために、DNAの合成を開始できない。

培養液の中のすべての細胞がその段階に達するまで待って、欠けているDNA合成の素材を培養液に加えると、すべての細胞はそろってS期に入る。ほかにも細胞周期を同調させる方法はあるが、そのいずれかの方法で同調させた細胞を使って、次のような実験をすることができる。

S期にある細胞とG_1期にある細胞を細胞融合させてみる（二つの細胞をくっつけて一つにしてしまう）。すると、S期にあった方の細胞の核はそのままDNA合成を続けるが、G_1期にあった細胞の核もDNA合成をはじめる。

S期の細胞とG_2期の細胞を融合させた場合には、S期の細胞の核はS期のまま、G_2期の細胞の核はG_2期のままで、おたがいに影響を受けない。G_1期とG_2期の細胞を融合させた場合にも、核はおたがいに影響を受けることなく、それぞれG_1期、G_2期にとどまる。

M期の細胞はユニークで、どの期にある細胞と融合させても、相手の細胞をM期に引きずり込んでしまう。M期の細胞がいちばん影響力の強い細胞である。DNA合成の完了していないS期やG_1期の細胞は、このような状況では混乱を起こしてしまう。

このような実験から、まず、S期の開始を指示する物質が細胞質の中にあり、この物質は、DNAの合成が完全に終了するまで存在し続けるらしいことがわかった。

M期の開始を指示する物質は、さらに強い力をもっている。この物質はMPF（M-phase-promoting-factor）と呼ばれる。そのほかにサイクリン（サイクル＝周期）というタンパク質の存在も解明された。MPFもサイクリンも、細胞がM期に入るたびに周期的に増加することもわかった。

パンをふくらませる酵母菌や、その近縁のカビを使って、細胞周期に関する突然変異体がたくさん分離された。細胞周期に異常のある突然変異体は増えることができないのであるから、このような突然変異体をとるには、ちょっとしたトリックが必要である。

酵母菌を二五度から二九度という低い温度で飼ったときには正常に増えるが、三五・五度という高い温度で飼ったときに細胞分裂に異常を示すような突然変異体をたくさん集めてみた。普通の（野生型）酵母菌は、三五・五度でも正常に細胞分裂する。

これらの突然変異体の中には、細胞周期に異常を示すものがたくさん含まれており、それを分析して、細胞周期というリズムのコントロールのメカニズムが次第にわかってきた。

G_1期の分子機構

酵母のG_1期にある細胞は、二つの可能性をもっている。その一つは、休止期に入って生殖型細胞に分化することであり、もう一つは新たな細胞分裂周期に入ることである。細胞が分裂周期に入ることができるのは、G_1期の終わりのSTARTと呼ばれる特別な時点である。

STARTに入ると、G_1サイクリンによってCdc28タンパク質燐酸化酵素が活性化される。G_1サイクリンは、CLN1、CLN2、CLN3という三つの遺伝子によって合成される。CLN1とCLN2遺伝子は、G_1期からS期への移行期に突如として活性化されるが、

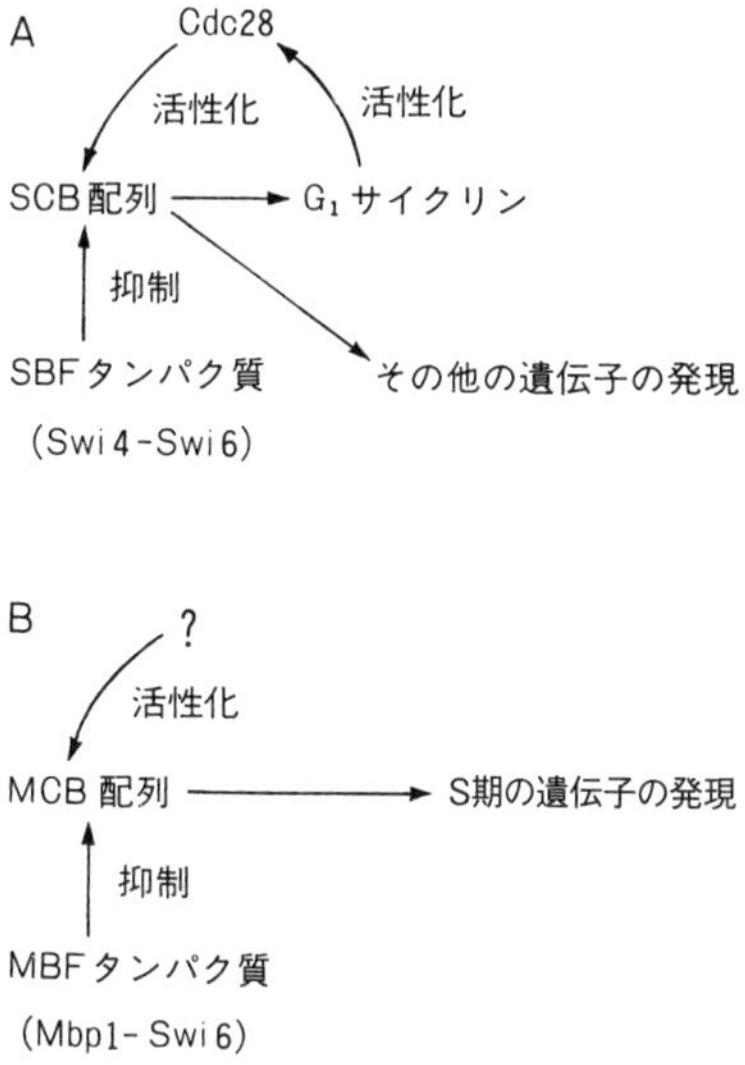

図27　S期の遺伝子発現の調節

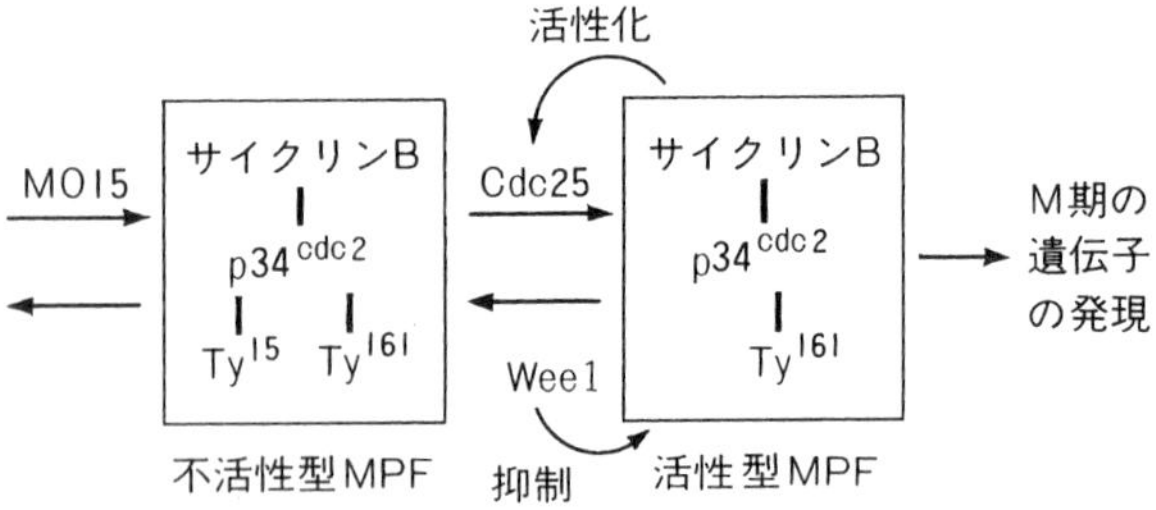

ＣＬＮ３遺伝子はつねに活性化されている。

ＣＬＮ１遺伝子とＣＬＮ２遺伝子の活性化のためには、Cdc28が必要であるので、ここには正のフィードバック・ループが形成されていると考えられる。

このほかにもCdc28によって活性化される二つの遺伝子が知られているが、これらの遺伝子はすべてＤＮＡ上にＳＣＢ配列と呼ばれる塩基配列（ＣＡＣＧＡＡＡ）をもっている。

細胞がＳＴＡＲＴに入るとすぐにＰＯＬ１（ＤＮＡポリメラーゼα遺伝子）、ＴＭＰ１（チミジル酸合成酵素遺伝子）、ＣＬＢ５とＣＬＢ６（ともにサイクリンＢ合成酵素遺伝子）の四つの遺伝子が活性化されるが、これらの遺伝子はＤＮＡ上にＭＣＢ配列と呼ばれる塩基配列（ＡＣＧＣＧＴＮＡ）をもっている。

ＳＣＢ配列とＭＣＢ配列には、それぞれ調節タンパク質が存在する。ＳＣＢ配列に結合して遺伝子の活性を抑制するのは、ＳＢＦと呼ばれるタンパク質で、Swi4とSwi6という

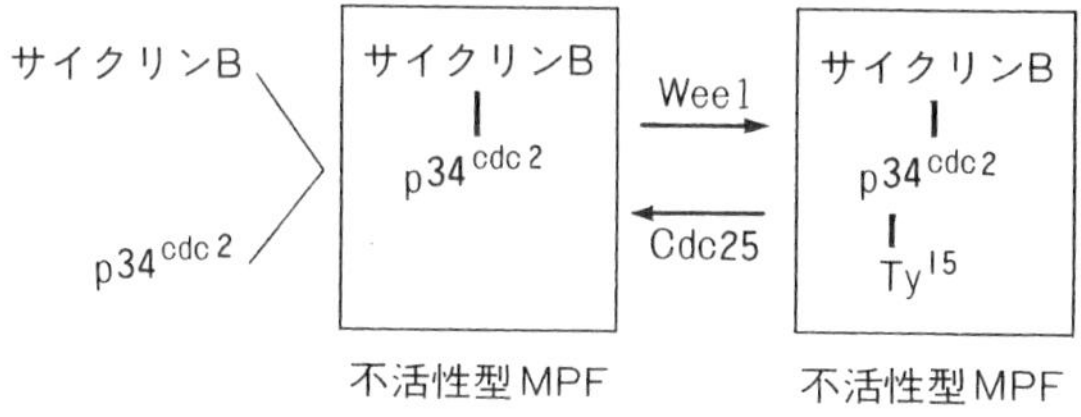

図28　MPFの活性化とM期の遺伝子の発現

二つのタンパク質が結合したものである。Swi4の方にDNAのSCB配列に結合する部分がある。

一方、MCB配列に結合するタンパク質はMBFと呼ばれており、これはSwi6とMbp1と呼ばれる二つのタンパク質が結合したものである。MCB配列に結合する部分はMbp1にある。

これをまとめてみると図27のようになる。Cdc28がG_1サイクリンと結合すると（図27A）、SCB配列をもつ遺伝子群を活性化する。その遺伝子群の中には、G_1サイクリンを合成するCLN1とCLN2も含まれているので、この反応は自己触媒的である。MCB配列によるS期遺伝子の発現の調節（図27B）がどのような意味をもつのかはまだわからない。

M期の分子機構

いちばん影響力の大きいM期の開始に主役を演じるのは、

p34cdc2と呼ばれるタンパク質である。このタンパク質は、五八〇個のアミノ酸が連なったタンパク質であり、そのうち一四番目のトレオニン、一五番目のチロシン、一六一番目のチロシンが燐酸化されているかどうかが、このタンパク質の作用に重要な意味をもつ。

細胞をM期に導入する作用をもつのは活性化されたMPFである（図28）。これは、一六一番目のチロシンが燐酸化されたp34cdc2とサイクリンBが結合したものである。しかし、活性化されたMPFが合成されるには、いくつもの前段階を通らなければならない。

まず、M期に先だってサイクリンBが合成され、タンパク質p34cdc2と結合する。細胞の中にはWee1という酵素があって、p34cdc2の一五番目のチロシンを燐酸化する。このチロシンが燐酸化されると、MPFは不活性化される。

一方、燐酸化されたCdc25という酵素は、Wee1の作用と反対に、p34cdc2の一五番目のチロシンの燐酸を取り除く働きをもっている。したがって、細胞の中のWee1と燐酸化されたCdc25の相対的な濃度差によって、MPFは活性型になるか、非活性型になるかがきまってくる。

p34cdc2の一五番目のチロシンの燐酸を取り除くことができるのは、燐酸化されたCdc25である。燐酸化されていないCdc25は、細胞周期と関係なく細胞内に存在するが、M期に先だってCdc25の燐酸化が起こり、燐酸化されたCdc25が増加する。

p34cdc2の一六一番目のチロシンを燐酸化するのは、MO15という酵素である。燐酸化されたCdc25の濃度がWee1より高くなり、MO15が働くとMPFは活性化されて、細胞はM期に入る。

活性化されたMPFにもCdc25を燐酸化する働きがあり、いったん活性型のMPFができると、自己触媒的に活性型のMPFが増加するのではないかと考えられている。

このように細胞分裂も、自己触媒的な反応とフィードバックのからまり合った反応であろうと推測することができる。

12　細胞という繰り返し構造

時間のリズム、空間のリズム

これまでリズム、すなわち時間的な繰り返しについて述べてきたが、ここで、構造の繰り返し、すなわち、空間的なリズムという概念を取り入れてみたい。

私は、リズムという問題についていろいろと考えてきたが、はじめは、時間的なリズムにしか考えがおよばなかった。ところが、ある日、空間的リズムという考えがひらめいてから、さまざまな現象を統一的な目でとらえることができるようになった。

水道の蛇口から、一定の速度で水滴が落ちるように栓を調節したとしよう。蛇口から一定の速度で水滴が落ちれば、そこに時間的リズムが生じる。空間的には、蛇口から流しの面までの間に、水滴の列が見られるであろう。そこには、水滴という構造が繰り返されることになる。この水滴は、時間的リズムをもってあらわれてきたのだが、空間に落下した水滴という繰り返し構造は、空間的リズムをつくっていると考えることはできないであろうか。

このような視点で、生物の中の構造を眺めてみると、生物が、幾重にも重層した繰り返し構造でできていることがわかる。生物のからだを構成している基本単位は細胞である。前章で述べた細胞分裂のリズムによって生じた細胞は、ちょうど水滴の場合とおなじように空間的な繰り返し構造をつくる。細胞という空間的リズムが生じるのである。

細胞が集まると組織ができる。たとえば、ヒトの心臓は、統計的なばらつきの範囲内で一定の形をしている。おなじ形の水滴がたくさんできたように、人類が発祥してからこの方、ヒトの心臓は、ある時間的リズムでつくられた、おなじ構造の繰り返しとして、空間的リズムを生み出している。

器官が集まってできた個体はどうであろうか。ヒトという構造は、地球上に空間的に繰り返されているのである。地球には、ヒトという空間的リズムが存在する。ヒトばかりでなく、イヌもネコもマツもサクラもそれぞれの構造を繰り返している。

ヒトがヒトという繰り返し構造をつくれるのは、細胞の中の核酸にヒトをつくるための情報が記されていて、それが代々親から子に伝えられるからである。この核酸もまた、進化の過程で塩基配列の繰り返しによってできたのではないかと考えられるが、その機構については「17　DNAの繰り返し構造」で述べることにしよう。

塩基配列の繰り返しによりDNAが長くなり、遺伝子と呼べるものができると、遺伝子の繰り返しが起こる。繰り返された遺伝子に突然変異が起こり、遺伝情報が複雑化していく。

この過程についても章をあらためて述べる。

ＤＮＡはまた、複製という過程を通して、無限に増えることができる。無限に自己を繰り返すことができるのである。このＤＮＡを包み込んだ袋が細胞であるから、生物は重層的な繰り返し構造の積み重ねであるといえる。

さて、ここで本題にもどって、細胞という繰り返し構造について考えてみよう。

自己増殖するＤＮＡ分子

地球上に生命が生まれたのは、今から三五億年以上前であろうといわれている。海の中でできた自己増殖能をもつ核酸が海水といっしょに脂肪の膜に包まれたのが最初の細胞であると考えられる。

それ以来、細胞は増え続けている。原始的な形態を保持したまま増え続けている細胞もあれば、進化した細胞もある。いずれにしても、三五億年という気の遠くなるような時間を、営々とリズムを刻みながら増え続けているのである。

細胞の進化という観点から、いちばん大きな分岐は、原核細胞から真核細胞への進化であろう。原始的な細胞では、遺伝情報を担った核酸は細胞質と混在するが、真核細胞になると核ができて、核酸は核の中に包み込まれている。

核酸には、ＲＮＡ（リボ核酸）とＤＮＡ（デオキシリボ核酸）がある。生命の誕生の初期に地球上に存在したのはＲＮＡではないかと考えられている。ＲＮＡに遺伝情報が記されていたが、ＲＮＡは不安定な分子であるので、安定性の高いＤＮＡに遺伝情報が担われて、子孫に伝えられるようになったのではないかというのである。

ＤＮＡは、相補的な形をした二本の長い分子がおたがいに入れ子になって、らせん構造をつくっている。ＤＮＡ分子の最大の特徴は、自己増殖能をもつことである。

らせんをつくっている二本の分子が離ればなれになって、それぞれが鋳型として自分と相補的な形の分子をつくる。この方法で、材料さえあれば、ＤＮＡは自己とおなじ分子を無限に再生産することができる。

このようにしてつくられたＤＮＡを取り込んだ細胞も無限に増えることができ、その結果、おなじ遺伝情報をもった細胞が無限に繰り返しつくられることになる。ＤＮＡという構造の繰り返しが、細胞という構造の繰り返しを生む結果となる。

リズムの揺らぎ――突然変異

ＤＮＡ分子は、永久におなじ分子を再生産するばかりでなく、ときに誤りを犯して、鋳型と少しちがった分子ができることがある。これが突然変異である。一定のリズムの中の揺らぎともいえる現象である。

突然変異は、多くの場合、細胞にこれといった影響もあたえないでDNAの中に静かに蓄積されていく。しかし、細胞にとって害になるような突然変異を起こしたDNAを受け取った細胞は、進化の過程で淘汰されてしまう。

一方、まれにではあるが、細胞にとって有利に働くような突然変異があり、このような細胞は環境に適応して増えていくことになる。

突然変異の繰り返しにより細胞が多様化してくると、真核細胞の中には細胞どうしがくっついて生きるものがでてくる。単細胞生物から多細胞生物への進化である。

一つの生物で、単細胞生物としての生活と、多細胞生物としての生活を環境条件により使いわけている生物がある。それらの中で研究の進んでいる細胞性粘菌について次の章でくわしく述べてみよう。

細胞性粘菌より進化したカイメンなどは、細胞が集合して個体をつくっている。さらに進化が進むと、細胞の間で分業が起こってくる。

このようにして、いちばん複雑になったのがヒトであるが、ちょっと考えただけでも、脳があり、心臓があり、胃があり、腸があり、それぞれが重要な機能をもっている。このように、細胞がおたがいに異なってくることを分化という。

ヒトといえども、もとは受精卵という一個の細胞からできたのであるから、細胞分裂を繰り返して分化していった結果、このように多様な器官ができたのである。これらの器官は、機能も形もまったくちがうが、すべて細胞という基本構造の繰り返しでできており、そこに含まれているDNA分子は、一つの個体の中では、どの細胞でもまったくおなじである。

細胞が構築する器官の構造や機能は、すべてDNAに記されている遺伝情報によって決められている。すべての器官の細胞内のDNAがおなじであるにもかかわらず、器官の間にちがいがあるのは、DNAの中の作用部位が異なっているためである。ヒトには、二万個ほどの遺伝子があるといわれているが、細胞の種類ごとに働いている遺伝子がちがっているので、いろいろな器官や組織ができるのである。

ヒトは三七兆個の細胞でできているが、三七兆個の細胞の繰り返しと、統率のとれた分化の結果、ヒトという繰り返し構造ができる。生物という繰り返し構造の基本単位は細胞であり、繰り返し構造の法則を支配しているのはDNA上の遺伝子である。

細胞もDNAも三五億年以上の間繰り返し増殖し、突然変異という揺らぎを許容しながら今日まで続いてきたものである。

細胞あるいはDNAという空間的な繰り返し構造は、これまで述べてきたリズムのある時間的繰り返し構造とは異質のものに見えるかも知れないが、熱力学的非平衡系における「対称性の破れ」という意味では同質の現象である。それについては、「19　非平衡系と生命現象」の章でまとめて検討することにしよう。

13　細胞性粘菌の集合のリズム

細胞性粘菌（*Dictyostelium discoideum*）は、落ち葉の下や土の中にすんでいる単細胞のアメーバである。細菌や酵母菌を包み込んで消化し、数時間ごとに分裂して増える。

食べ物がなくなると分裂をやめ、細胞は集まって、一―二ミリの小さいかたまりをつくる。このかたまりを変形体と呼ぶ。変形体の中には、約一〇万個の細胞が入っている。変形体が地面を這いまわっているうちに細胞の間に分化が起こり、子実体《しじったい》が形成される（図29）。

子実体は、土台になる部分、そこからのびて立ち上がる柄の部分と柄の上に載っている胞子嚢からなる。胞子嚢には胞子が入っている。環境条件がアメーバの生育に適した状態になると、胞子は発芽して、単細胞のアメーバとして自由に動き回る。

このように、細胞性粘菌は、単細胞の時代と多細胞の時代をもっているので、多細胞生物の進化という観点からみても興味深い生物である。しかし、ここでは、単細胞のアメーバが食べ物がなくなったときに集合してくる過程のリズムに注目しよう。

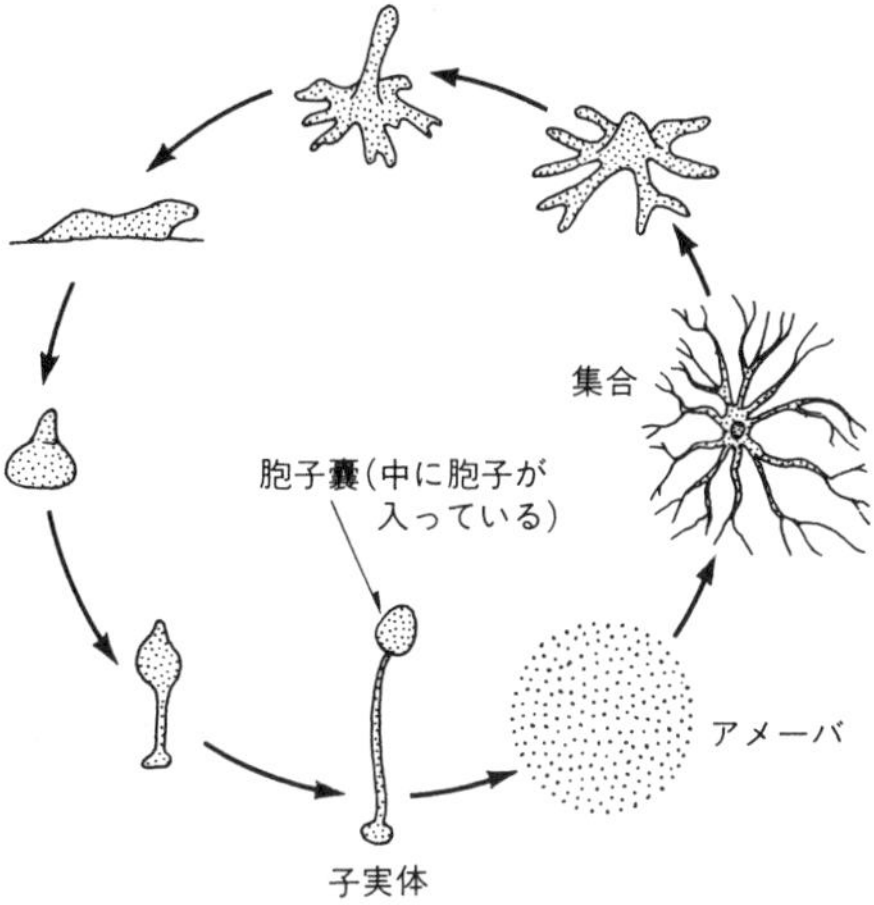

図29　細胞性粘菌の集合と胞子嚢の形成

リズム信号としてのサイクリックAMP

食べ物がなくなると、アメーバの中の一匹がサイクリックAMP（環状アデノシン一燐酸）を分泌しはじめる。どの細胞が最初にサイクリックAMPの分泌をはじめるかは、まったくランダムにきまるらしい。

一つの細胞がサイクリックAMPを分泌しはじめると、この細胞に周辺の細胞が引き寄せられる。このようにして、細胞の集合の中心ができる。この集合中心の細胞は、イニシエーター細胞と呼ばれ、これらの細胞は、サイクリックAMPを一定のリズムで分泌する。イニシエーター細胞の周辺の細胞は、細胞膜の上にあるサイクリックA

MP受容体タンパク質の働きによって集合中心に向けて引き寄せられる。

集合中心に集まってくる細胞は、周囲の細胞からサイクリックAMPの信号を受けて、アデニル酸シクラーゼの働きによって自らもパルス状にサイクリックAMPを分泌しはじめる。そのリズムに合わせて、集合中心に移動する細胞の流れは次第に大きくなっていく。

一つの細胞が、周囲のサイクリックAMPに引かれて移動し、その細胞はわずかに遅れて、自分もサイクリックAMPを放出する。そのサイクリックAMPに反応して、隣接する細胞が動くというようにことが進むので、集合中心から、サイクリックAMPのパルスが波

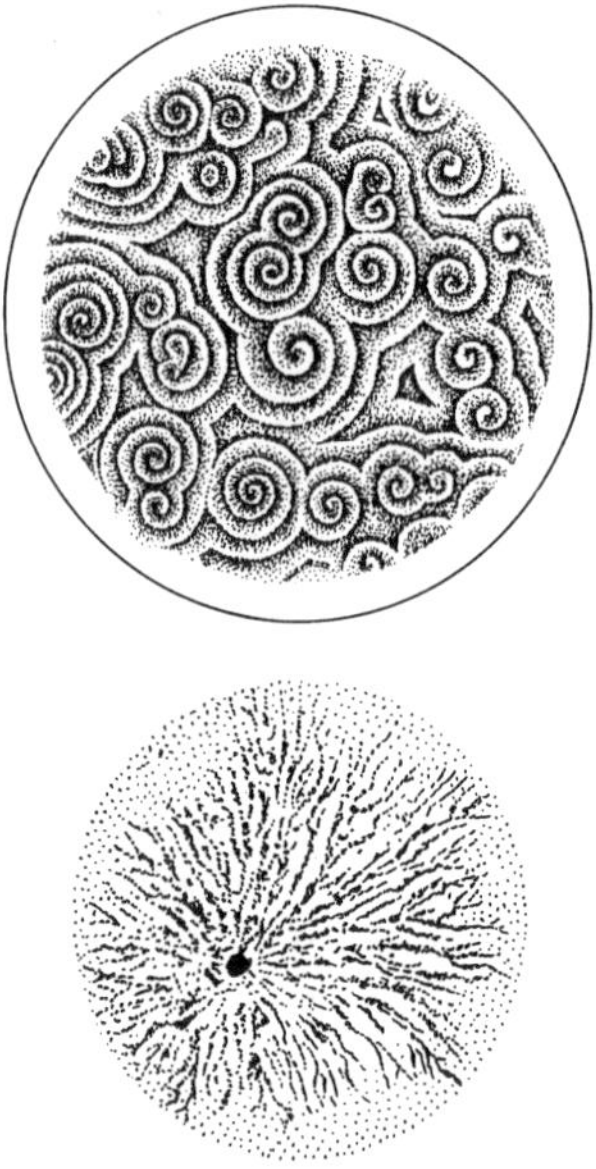

図30　細胞性粘菌の発するサイクリックAMPによる波状パターン（上）と細胞性粘菌の集合パターン（下）

状に外側に向かって広がることになる（図30上）。次第に多くの細胞が、サイクリックAMPの波に巻き込まれて、渦を巻くように中心に向かって移動していく（図30下）。

このように、細胞性粘菌の集合は、自己触媒的な反応である。自己触媒的な反応によって、一〇万個もの細胞が集合して、変形体というかたまりをつくる。サイクリックAMPは、細菌から動物細胞にいたるまで、多くの細胞の中で情報伝達物質（セカンド・メッセンジャー）として働いているが、細胞外の情報伝達物質として働いている例は、今のところ、細胞性粘菌だけしか知られていない。

細胞性粘菌で、細胞の集合のきっかけになるのは、食べ物がなくなることである。食べ物がなくなったという刺激は、細胞の集合を開始させるだけでなく、アメーバの中でいくつかの新しい遺伝子を活性化する。

その中には、サイクリックAMPに導かれて集合してきた細胞を接着させる、分子合成遺伝子もある。これらの接着物質が細胞表面に存在するために、細胞はおたがいに接着して、多細胞の個体をつくることができるのである。

接着物質によって細胞から組織や器官をつくる方法は、ヒトを含めた高等生物にいたるまで保持されている。

14　ベローソフ－ジャボチンスキー反応

細胞には、糖や脂肪を分解して、酸化反応によってエネルギーを生成する反応系がある。旧ソ連のボリス・ベローソフは、この反応系の研究をしていて、一九五〇年頃に次のような発見をした。硫酸セリウム、クエン酸、臭素酸カリウム、硫酸を混ぜると、約八〇秒の周期で液体の色が黄色と無色に交互に変化する。

色が振動する

これが、試験管の中で化学反応がリズムをつくり出すことを発見した最初の例であるが、あまりにも奇妙な現象であるために、この論文は学会誌への掲載を拒否された。その後、アナトール・ジャボチンスキーたちが、ベローソフの実験が正しいことを示し、さらにその研究を発展させている。

ベローソフの系では、次のようにセリウム・イオン（Ce）が四価になったり、三価になったりするために色の周期的な変化（振動）が起こることがわかった。セリウムは四価では黄色を呈し、三価になると無色になる。

$$HBrO_2 + BrO_3^- + 3H^+ + 2Ce^{3+} \longrightarrow 2HBrO_2 + 2Ce^{4+} + H_2O$$

（無色）　（黄色）

ベローソフ－ジャボチンスキー反応では、クエン酸の水素が臭素酸カリウムの作用によって、臭素と置換するといった形の酸化が起こっている。クエン酸のように、カルボニル基に隣接したC－H結合をもつ化合物は、このような形の酸化を受けやすい。

ベローソフ－ジャボチンスキー反応では、クエン酸が反応基質、臭素酸カリウムが酸化剤、硫酸セリウムが触媒として働いている。クエン酸のほかにも、マロン酸、リンゴ酸、アセチルアセトンなどの有機化合物を基質としてもちいたときに、分子の振動反応が観察される。

この反応を試験管内で観察すれば、中の液体が黄色→無色→黄色→と一定のリズムで変化することになるが、シャーレの中で反応させると、色の変化が縞模様をつくることになる。

シャーレをもちいた場合には、色の変化が伝播していく波紋となって、空間的な規則的パターンとして観察される。その標準的なパターンは、らせん形をした波形である。この形が、先に述べた細胞性粘菌の集合のときにあらわれる波状のパターン（図30上）と非常によく似ている（図31）。

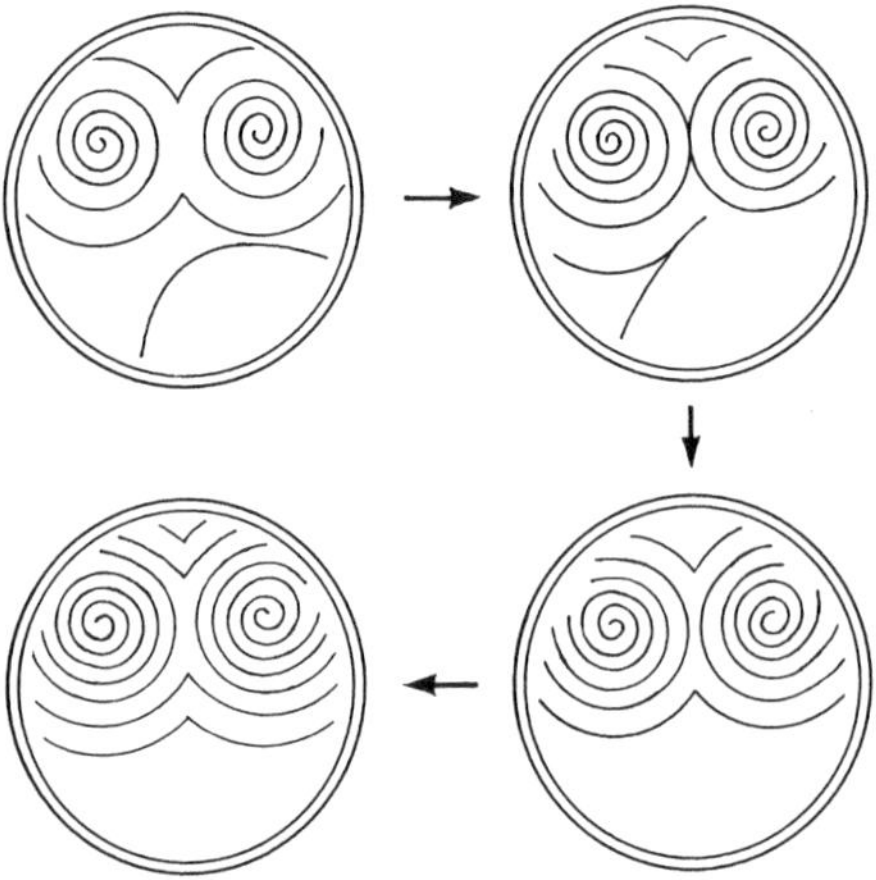

図31　ベローソフ－ジャボチンスキー反応で見られる空間的パターン

ベローソフ－ジャボチンスキー反応のパターンを、シャーレの中で簡単に見ることができる。マロン酸、臭素酸カリウム、臭化カリウム、フェロイン（オルト－フェナントロリン鉄（Ⅱ）錯体）、硫酸を混ぜて、深さ一ミリ程度になるようにシャーレに入れて静置する。

　はじめは、シャーレの中の液全体が二価の鉄イオンの赤色をしているが、これにポリビニルアルコールの粒を入れると、その粒を中心に三価の鉄イオンの淡青色の環が生じる。やがて、液は赤色にもどり、ふたたび淡青色になるので、時間がたつにつれて、次々と同心円状の波紋が広がっていく。

　この波紋は、液体の上にできているものであるから、少しの刺激を加えることによってパターンを変化させることができる。このように空間パターンを生じる現象を空間的振動反応という。化学反応がパターンをつくりながら空間的に伝播していくのである。

細胞性粘菌のつくる集合のパターンは、見かけ上はベローソフ－ジャボチンスキー反応とよく似ている。細胞という、分子とはけたちがいに大きく組織された粒子を通して反応が伝播していくパターンと、酸化還元反応が液体の表面を伝播していくパターンがよく似ているということであろう。

15　体節という繰り返し構造

ミミズは、ちょっと見たのではどちらが頭なのかわからないほど前と後がおなじ形をしている。からだに環状の紋がたくさんあるが、紋と紋の間が一つの体節である。体節は、細胞が集まってできたものであるが、ミミズでは、体節が一〇〇以上も繰り返されて一つの個体ができている。

細胞→体節→個体

ミミズの構成の基本単位は細胞であるが、細胞が集まって次の階層の構成単位である体節をつくり、体節が集まって個体という単位をつくっていることになる。
ミミズを構成している体節は、箱のようなものである。頭から順に一〇〇個あまりの箱をつないだものがミミズだと考えてみよう。箱の中身の一部は、ほとんどすべての箱に共通である。たとえば、消化管、血管、腎管や神経節（神経細胞の集まり）がそれぞれの箱の中にある。消化管や血管はすべての箱を通じて一つの管になっているし、神経節は神経突起でつながれているので、つながれた箱は個体として一つのまとまりをもっている。

また、口、心臓や生殖器のように、いくつかの箱にしかない器官もある。したがって、体節の構造は先端から後端まですべておなじなのではなく、ある程度の分化がある。

これがやや高等な昆虫類になると、体節の間の分化はさらに多様化してくる。ショウジョウバエの発生はよく研究されているが、幼虫（ウジ虫）のときは、ミミズと似た形をしている。それが変態してハエになると、頭部、胸部、腹部の三つの部分がはっきりと区別されるようになる。この三つの部分は、それぞれ形がちがっているが、幼虫の体節をもとにしてできたものである。

ショウジョウバエの幼虫を見ると、頭部に続いて一一個の体節のあることがわかる。成虫であるハエのからだと比較して見ると、幼虫の頭部はそのままハエの頭になる。頭に続く三つの体節が胸部となり、残りの八つの体節が腹部になる（図32）。

それぞれの部分に内部の器官の分化が見られるのはもちろんであるが、外部器官にも分化が見られる。三つの体節からできた胸部には、各体節ごとに一対の脚が生える。また、二番目の体節にあたる部分には一対の羽が生える。このように、からだの内部だけでなく、外部にも体節ごとに異なった構造ができてくる。

ショウジョウバエも一つの受精卵から分化してくるのであるが、なぜこのようなちがいが生じてくるのであろうか。

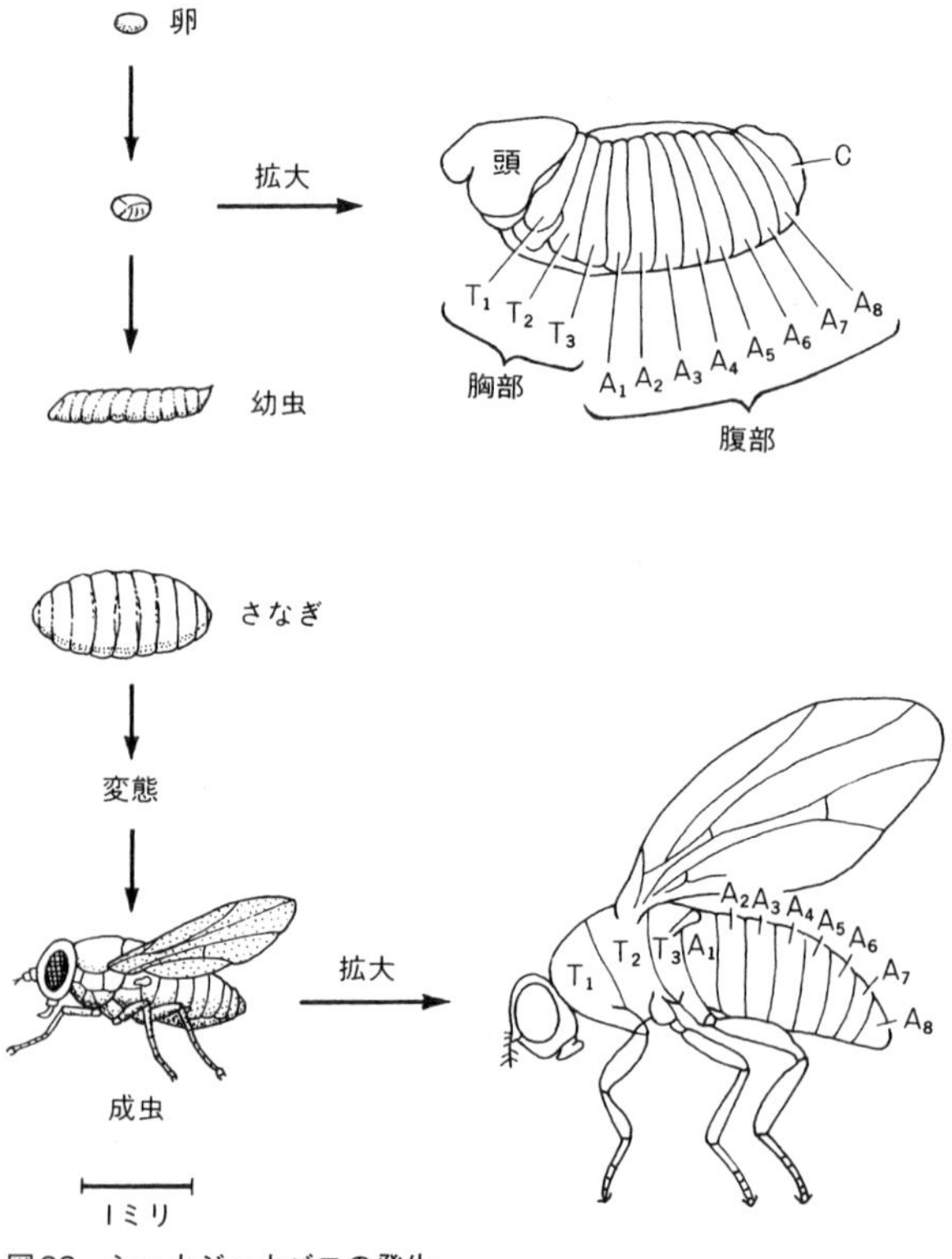

図32　ショウジョウバエの発生

からだに座標軸を引く

ショウジョウバエの受精前の卵は、〇・四ミリほどの直径であるが、この中にすでに物質の濃度差ができていることがあきらかにされた。たとえば、卵の中で背側をきめる物質の濃度が高い方が将来背中になり、腹側をきめる物質の濃度が高い方が将来腹になることがわかった。

いいかえれば、まだ精子と受精しないうちに、卵の中でハエのからだの軸がきめられてしまうということである。その軸は、物質の濃度差という物差しできめられている。その物質をつくる指示を出しているのが遺伝子である。ハエの卵の中でからだの軸をきめる遺伝子を一括して体軸決定遺伝子と呼んでいる。

体軸がきまったところで受精が起こり、受精卵の分裂がはじまる。細胞がどんどん増えて、胚ができる。胚は細胞が分裂するにつれて成長していく。次に起こることは、胚を体節に区切ることである。この場合にも、胚の中で物質の濃度差を物差しにして、胚は頭部と一一の体節に区切られる。この物質の濃度差をもたらす物質をつくる遺伝子を体節形成遺伝子と呼んでいる。

次に胚の中で起こることは、区切られた体節の中やまわりを整えることである。頭部には目や触覚をつくり、胸部には脚や羽をつくり、腹部には毛を生やしたりする。体節の内部の器官も整えなければならない。ここでも物質の濃度差を指標にして、その場所に必要な器官がつくられていく。この物差し物質をつくる遺伝子をホメオティック遺伝子と呼んでいる。

これらの物差し物質の働きは遺伝子を活性化することである。受精卵が分裂して細胞の数が増えるが、そのときにDNAはどの細胞にも均等に分配される。しかし、細胞の間にちがいができなければ、一つの個体をつくることはできない。このちがいは、各細胞のDNA内で活性化されている部分が異なることによって生じる。

いいかえれば、細胞はすべておなじ遺伝子をもっているが、活性化されている遺伝子が器官や組織ごとにちがっているということである。たとえば、胃の細胞では、胃の細胞に特有の遺伝子が活性化されていて、心臓の細胞に特異的な遺伝子は不活性化されている。

物差し物質の働きは、このような遺伝子の活性化を正しくガイドしていくことである。卵から一つの生物をつくる過程は、物質の濃度差を指標にして階層的に進んでいく。ここでもう一つたいせつなことは、各階層の遺伝子群によってつくられた物質が次の階層の遺伝子群を活性化するということである。

まず、体軸決定遺伝子がつくる体軸決定物質によって、体節形成遺伝子が働きはじめる。体軸決定物質のうち、頭側物質の濃度の高いところでは、頭をつくる体節形成遺伝子が活性化され、尾部形成物質の濃度の高いところでは尾部の体節形成遺伝子が活性化される。そして、その中間部分では、腹部の体節形成遺伝子が活性化される。

体節形成遺伝子は、それぞれの場所に特有の濃度の物差し物質を生産して、その場所に応じたホメオティック遺伝子を活性化するので、それぞれの体節の内装、外装が整備されるということになる。ホメオティック遺伝子は、さらに下層の遺伝子を活性化するので、次第にからだの細部を形成する遺伝子が活性化されていく。

このショウジョウバエのつくられかたは、ハエにかぎられた方法ではなく、ヒトをふくめた多くの動物で原理的にはおなじ方法が取られている。ヒトでも受精卵が分裂して胚が成長していく過程で、体節構造があらわれる。いろいろな器官が分化してくると、体節構造ははっきりしなくなるが、その名残りが私たちの背骨の節構造である。

細胞性粘菌で、サイクリックＡＭＰに誘導されて集合して多細胞になるところから、一気に体節の繰り返しによる個体の形成まで話が飛んでしまったが、その中間はいったいどうなっているのであろうか。

細胞が集合して、一つの体節からなる生物ができ、それが二つ、三つと次第に長くなっていって、ハエのような複雑な生物に進化してきたのであろうか。次の章で、その問題を考えてみよう。

16　進化のリズム

地球に現存する最古の化石は、三五億年あまり前に生息したと考えられる原核生物のもので、アフリカやオーストラリアで見つかっている。細菌や藍藻をふくんだ泥が満ち潮によって運ばれて、層状に積み重ねられたストロマトライトといわれる化石で、細菌そのものの化石も発見されている。

これ以後二〇億年以上にわたって、世界中で見つかるのは、ストロマトライトと原核生物の化石ばかりである。最初の真核生物（核をもった生物）があらわれたのは、今から一四億年ほど前のことである。そして、多細胞動物が出現するためには、これからさらに八億年以上の時間が必要であった。

今から、五億四〇〇〇万年ほど前に、カンブリア紀の爆発と呼ばれるできごとが起こり、ここで、爆発的な多細胞動物の多様化が起こった。この時期以前を先カンブリア時代と呼ぶが、多細胞動物が最初にあらわれたのは、先カンブリア時代の終わり、カンブリア紀の爆発の直前と考えられている。

最初の多細胞動物

最初の多細胞動物は、オーストラリアのエディアカラから発掘された化石にちなんで、エディアカラ動物群と名づけられているが、これと同種の化石は、オーストラリアにかぎらず、世界中から発掘されている。

エディアカラ動物群の化石が出てくるのは、カンブリア紀のすぐ前の地層である。これは、先カンブリア時代の最後の一億年以内に堆積した地層であると考えられている。エディアカラ動物は硬い殻をもたない、完全な軟体性の動物である。カンブリア紀に入ってはじめて殻をもつ動物が出現した。

エディアカラ動物は、たくさんの体節を平面状につなぎ合わせたような形をしている。円形のもの、楕円形のもの、扇形のもの、直線的に体節の連なったものなど、いろいろな形があるが、いずれも二次元的な広がりをもつ動物で、三次元的な分化はみられない。

先カンブリア時代は、エディアカラ動物の全盛期であるが、これらに交ざって環形動物（ミミズの類）が存在していたらしいという証拠がある。

このあとに起こるカンブリア紀の爆発で、最初にあらわれた動物群は、ロシアのトモティから出土されたことにちなんで、トモティ動物群と名づけられている。トモティ動物は、たくさんの殻をもつ微小化石断片として出土するもので、動物の全体像はあきらかでない。その中でもっとも特徴的で、数も多いのが古杯類と呼ばれる動物で、大小二つの杯を重ねたような形をしている。

トモティ動物の次にあらわれるのが、アトダバニア動物群である。この中には、三葉虫に代表されるような、現生動物のからだのデザインの基本形となる動物が多様に存在した。

カンブリア紀の爆発という言葉が示すとおり、この時期に存在した動物の形は非常に多様で、それらの動物の形は、どんなおもちゃの発明家もSF作家も思いつかないほど奇抜で、人間の想像力をはるかに超えたものであったと推測される。ありとあらゆるおもしろい形の動物が存在したらしい。しかし、その基本となるボディ・デザインはただ一つ、ミミズやショウジョウバエに見られるように直線状の体節を基本にして分化していったものである。

化石にみられる多細胞動物の歴史を眺めてみると、エディアカラ動物──→トモティ動物──→アトダバニア動物、という順に動物の構造が次第に進化してきたとは考えられない、とグールドは述べている。アトダバニア動物の祖先がエディアカラ動物やトモティ動物だと考えるには、その形があまりにも不自然だというのである。

ダーウィンもこの問題には頭を悩ませていた。ダーウィンは、まだ化石が十分に見つかっていないのではないかと考えていたし、現在でもそのように考える人もいる。

進化は徐々に進んだのか

しかし、進化というのは、徐々に構造が複雑になるという漸進《ぜんしん》的な過程を踏んできたのであろうか。たとえば、ミミズができるためには、一体節の動物の体節が少しずつ増えていって、体節間に分化が起こることによってミミズになったのであろうか。

たとえば、扇形に広がったエディアカラ動物に一つの突然変異が起こって、扇の両端を管状にくっつけるような接着物質をつくれるようになれば、古杯類のような形ができるのではなかろうか。

また、直線状に体節の連なったエディアカラ動物の卵の中に、前後あるいは背腹の勾配をきめる物質をつくるような突然変異が起これば、ミミズのような形になるのではなかろうか。さらにそこからハエのような形が出てくることは容易に想像される。

ショウジョウバエでは、体軸をきめる物質は、次に体節をきめる遺伝子群を活性化させる。体節をきめる物質が体節の内装と外装を整え、さらに細部をつくる遺伝子を活性化させる。この方法をモデルにして考えれば、カンブリア紀の爆発の際に、体節構造というボディ・プランはおなじでも、いろいろな形の脚や触覚をいろいろな体節に生やした多様な動物ができたとしてもふしぎではない。

環境に適応した一つの突然変異がヒットすると、そのヴァリエーションとして多種多様な生物が生まれて、その中から生存に有利な動物が選ばれて生き残ったと考えることは、ごく自然であろう。

このように考えると、進化というのは、漸進的に複雑になったのではなく、爆発と滅亡のリズムの繰り返しで進むと考える方が理にかなっているように思われる。

生命の歴史の中で周期的にあらわれる大絶滅がなぜ起こったかは、まだわからないが、「いろいろつくってみて選ぶ」という過程が進化の中に繰り返されている可能性は考えてみる必要があるであろう。

真核生物があらわれてから多細胞動物があらわれるまでの八億年もの間、遺伝子にいったい何が起こっていたのであろうか。突然変異はある頻度で起こり続けるのであるが、現在の動物の形を生み出すのに必要な突然変異が起こるまでにこれだけの時間を必要としたのであろうか。

17　DNAの繰り返し構造

地球上に最初の生命がどのようにして芽生えたかということについては、いろいろな説がある。生命がどのようにして生まれたにしても、地球の上に最初の生命物質として生じたのは、RNAではないかという考え方が支配的である。

RNAには自己触媒的な作用があるので、特定の構造をつくる物質として適していると考えられている。RNAのもつ自己触媒作用により、RNAを構成している素材の分子が次第に長くつながっていったのであろう。

RNAは比較的不安定な分子であるので、初期のRNAに記された遺伝情報は、DNAにうつし取られて蓄えられ、子孫に伝えられるようになったとされる。現在の生命の世界では、遺伝情報はおもにDNAに蓄えられているので、DNAの構造を調べてみると、生命の誕生の初期にどのようにしてRNAの遺伝子情報（塩基配列）が長くなっていったかを推測することができるかもしれない。

DNAの構造

DNAはデオキシリボ核酸の略号である。この名前は、核の中にある酸性の物質で、デオキシリボース（糖の一種）を含んでいるものという意味である。一方、RNAはリボースという糖を含んでいるので、リボ核酸と呼ばれている。

DNAは、塩基—デオキシリボース—燐酸が一つの単位になって、それが長く連なった分子である。この単位をヌクレオチドと呼ぶが、塩基には形が少しずつちがう四種類の分子があるので、どの塩基と結合するかによって、ヌクレオチドにも四つの種類があることになる。

四種類の塩基は、アデニン、グアニン、チミン、シトシンという名前で呼ばれている。DNAの分子の構造のモデルをつくったのは、ジェームズ・ワットソンとフランシス・クリックである。彼らの卓抜な予言によって、その後の生命科学は爆発的な進歩をとげることになった。

ワットソンとクリックのモデルによると、DNAは、梯子をらせん状にねじったような形をした分子である。梯子の両脇の支えの棒になっている部分は、それぞれデオキシリボースと燐酸が連なったものである。四種類の塩基が二つ一組になってそこから横に突き出して、梯子の足で踏む部分をつくっている（図33）。

この四種類の塩基は、アデニンとチミンが対をつくってはまりこみ、グアニンとシトシンが対をつくってはまりこんだときにだけ、ちょうど梯子の横木としてぴったりの長さになるような形をしている。

したがって、梯子の支え棒の一方からアデニンが突き出しているときには、もう一方の支え棒のちょうどその位置からはチミンが突き出していなければならない。また、グアニンが突き出しているときには、もう一方の支え棒からはシトシンが突き出していなければならない。ちょうどそのようにうまくはまりこむような分子が、進化の過程で選ばれたのであろう。

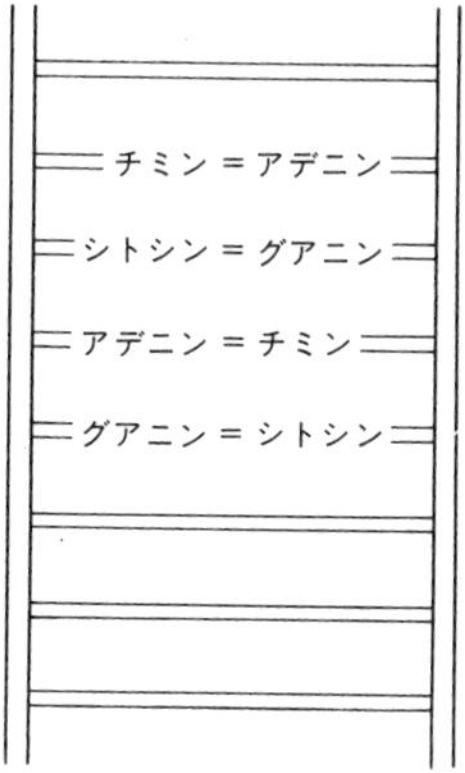

図33　DNAの構造

このようなアデニンとチミン、グアニンとシトシンという塩基の組み合わせの構造上の制限を塩基の相補性と呼ぶ。相補性以外には、塩基の並び方に制限はないので、梯子の踏み板にどのような塩基が並ぶかは、まったく自由である。しかし、一方の塩基の並び方がきまると、もう一方の塩基の並び方は必然的にきまってしまう。

ＲＮＡは、リボース—塩基—燐酸が一つの単位となって連なったものであるが、ＲＮＡを構成する塩基は、アデニン、グアニン、ウラシル、シトシンの四種類である。アデニンとウラシルが相補性をもち、グアニンとシトシンが相補性をもつ。

地球上に最初にあらわれた核酸がＲＮＡであったとしても、かなりはやい時期にＤＮＡに遺伝情報を蓄えるシステムが確立されたと考えられる。情報は、ＤＮＡ分子の中の塩基の配列順序という形で記されている。アデニン（Ａ）、チミン（Ｔ）、グアニン（Ｇ）、シトシン（Ｃ）という四文字だけからなるアルファベットを使って文章を書いていくようなものである。

現存するＤＮＡの塩基の配列順序を調べることによって、私たちは古代の文書を読み解くのとおなじように生命の歴史書を読むことができる。ＤＮＡという文書は、三五億年以上の間ずっと書き継がれてきたものであるから、それを解読することによって、生命がどのように進化してきたのかということを推測することができる。そればかりでなく、遺伝子の作用のメカニズムやいろいろな病気のメカニズムについても、示唆に富む情報を得ることができるのである。

最初の核酸はどのようにしてできたか

三五億年前に核酸がどのようにしてできたかはわからないが、遺伝子学者の大野乾《すすむ》は次のように考えている。

地球上に、最初にRNAが生まれた頃は、八個から一〇個の塩基しかつなぐことができなかったであろうと考えられる。最初にできたものが、GCCAAという五つの塩基の連なったものであったとしよう。これが二つ結合すると、GCCAAGCCAAというように、一〇個の塩基の連なったものができる。これは、梯子の片側であるから、これに相補的な塩基がはまりこむと、

G―C
C―G
C―G
A―T
A―T
G―C
C―G
C―G
A―T
A―T

という梯子ができる。DNAという梯子には、九五度くらいの高温になると塩基の間の結合が離れる（梯子が縦にわかれる）という性質があるので、生命誕生の頃の海水が太陽などで温められたりすると、この梯子は、

GCCAAGCCAA　と　CGGTTCGGTT

の二本の鎖にわかれる可能性がある。海水の温度が下がって、この鎖が次のように相補的な相手を選んだとしよう。

```
GCCAAGCCAA
     |||||
     CGGTTCGGTT
```

すると、空席の部分にまた相補的な塩基が結合される。このようにして、ＤＮＡはだんだん長くなっていったのではないか。もしそうだとすれば、現存のＤＮＡの中にこのような繰り返し構造が残っているのではなかろうか。

ヒストン1遺伝子の中の繰り返し構造

ＤＮＡは長い相補的な二本の糸からできた分子である。それぞれの糸が梯子の片割れにあたる。ＤＮＡ分子はコイルのように巻かれ、染色体という構造をつくっていることはすでに述べた。このＤＮＡをコイル状に巻きつける上で大切な働きをしているタンパク質にヒストン1がある。

ニジマスのヒストン1タンパク質の構造をきめる遺伝子の塩基配列を調べてみると、全長六三〇塩基の中にＣＣＡＡＧという塩基配列が二五回も出てくることがわかった。これは、ヒストン1遺伝子のうち一九・八パーセントにあたる。

ＤＮＡが増えるときには、梯子型の二本鎖が解けて、一本ずつに離れる。ペアを失ったそれぞれの塩基は、ふたたび相補的な相手を選んで二本鎖になる。

```
*C—G*
 G—C
 G—C
 T—A
 T—A
 C—G
 G—C
 G—C
 T—A
 T—A
```

```
↓              ↓
 C—G*           G—C*
 G—C            C—G
 G—C            C—G
 T—A            A—T
 T—A            A—T
 C—G            G—C
 G—C            C—G
 G—C            C—G
 T—A            A—T
 T—A            A—T
```

このように、一本の鎖を鋳型にして、それにちょうどはまりこむような鎖ができ、今度はそれを鋳型にして最初の鎖とまったくおなじ鎖をつくることができる勘定になる。

ＤＮＡの複製をつくるこの過程は、非常に正確におこなわれるが、時にはまちがった塩基がつながれてしまう。このようなときに突然変異が起こる。三五億年も複製を繰り返していれば、かなりのうつしちがいが起こるはずであるので、ヒストン1遺伝子にＣＣＡＡＧという配列の繰り返しが一九・八パーセントも保存されているということは驚くほどの保存性のよさを示しているといえよう。

このほかにも、現存するＤＮＡに一〇個以下の塩基からなるＤＮＡ断片が繰り返し存在する例はたくさん知られている。「3　サーカディアンリズムの分子生物学」で述べたパー遺伝子に見られる塩基配列の繰り返しは、その一例である。進化の過程で、一〇個以下の塩基からなるDNA断片が繰り返し連なるという方法で、DNAやRNAが長くなってきたのではないかということを、現存するDNAの塩基配列は示唆している。

塩基配列の繰り返しでDNAが長くなる

最初の核酸がどのようにしてできたにしても、DNAが次第に長くなっていったことは疑う余地がない。生物が複雑になるにつれて、一つの細胞の中のDNA量が多くなるという傾向ははっきりしている。

いくつかの生物の細胞あたりのDNAの長さをあらわしてみると、次のようになる。単位はマイクロメートル（一〇〇〇分の一ミリ）である。

SV40（ウイルス）	一
大腸菌	一、四〇〇
ショウジョウバエ	一〇四、八〇〇
イモリ	一七、〇〇〇、〇〇〇
ヒト	二、〇三〇、〇〇〇（二メートル三センチ）

ヒトの塩基対（アデニン―チミンとかグアニン―シトシンというペアを一対として数えたときの塩基の数）は、体細胞（からだを構成している細胞）一個あたり約六〇億対である。ある程度DNAが長くなると、その一部がまとまって挿入されたり、複製の際にDNA部分の重複が起こったりして、DNAはさらに長くなっていったのであろう。

いろいろな長さのDNA部分の重複が頻繁に起こったらしいということは、現存のDNAの塩基配列から推測できる。DNA部分の重複（おなじ塩基配列の繰り返し）によって遺伝子ごと重複した場合には、生物の多様化にとって、たいへん都合のよい状況がつくりだされる。一つの遺伝子を温存しておいて、重複した遺伝子に新しい機能をもたせれば、その細胞のもつ能力が増すことになる。

実際に生物の進化と多様化において、遺伝子の重複が重要な役割をはたしたと考えられる事実を次章で述べよう。

18　遺伝子の繰り返し構造

突然変異は進化の推進力になっていると考えられている。しかし、大切な機能をもった遺伝子が突然変異を起こせば、その生物は生きられなくなってしまう。したがって、生物が突然変異によって進化していくためには、まず、何かの形で遺伝子の重複が起こって、もとの遺伝子の機能はそのままたもちながら、新しく重複した方の遺伝子を変化させていくよりしかたがないであろう。

ここで、遺伝子の定義をはっきりさせておこう。DNA上の遺伝情報は、メッセンジャーRNA（mRNA）を仲介させて、タンパク質にうつし取られる（図34）。タンパク質は、酵素として細胞の中で起こる反応を助けたり、生物の構成要素となったりする分子である。

細胞の中のタンパク質は、平均三〇〇個くらいのアミノ酸の連なった分子である。このアミノ酸の配列順序は、DNAの中の塩基の配列順序によってきめられる。一つのアミノ酸は三つの塩基によってきめられるので、一つのタンパク質の配列をきめるためには、平均九〇〇個の塩基が必要である。このように、一つのタンパク質をつくるために必要な塩基配列の単位を遺伝子という。

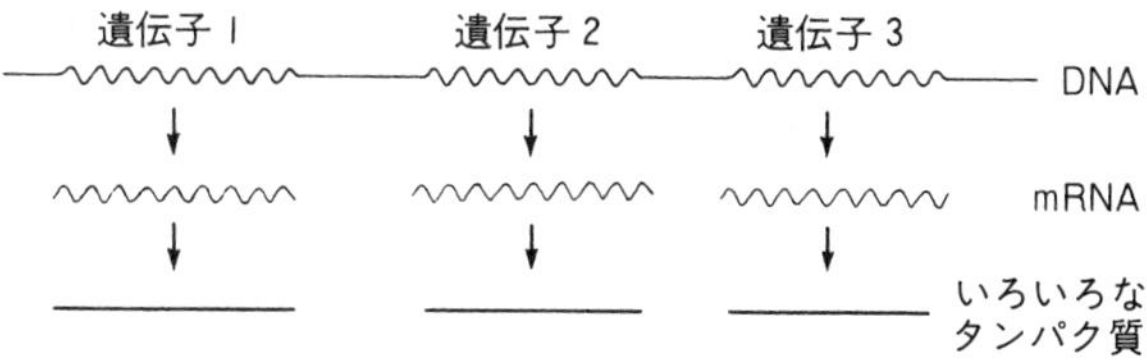

図34　いろいろな遺伝子からいろいろなタンパク質への情報の流れ

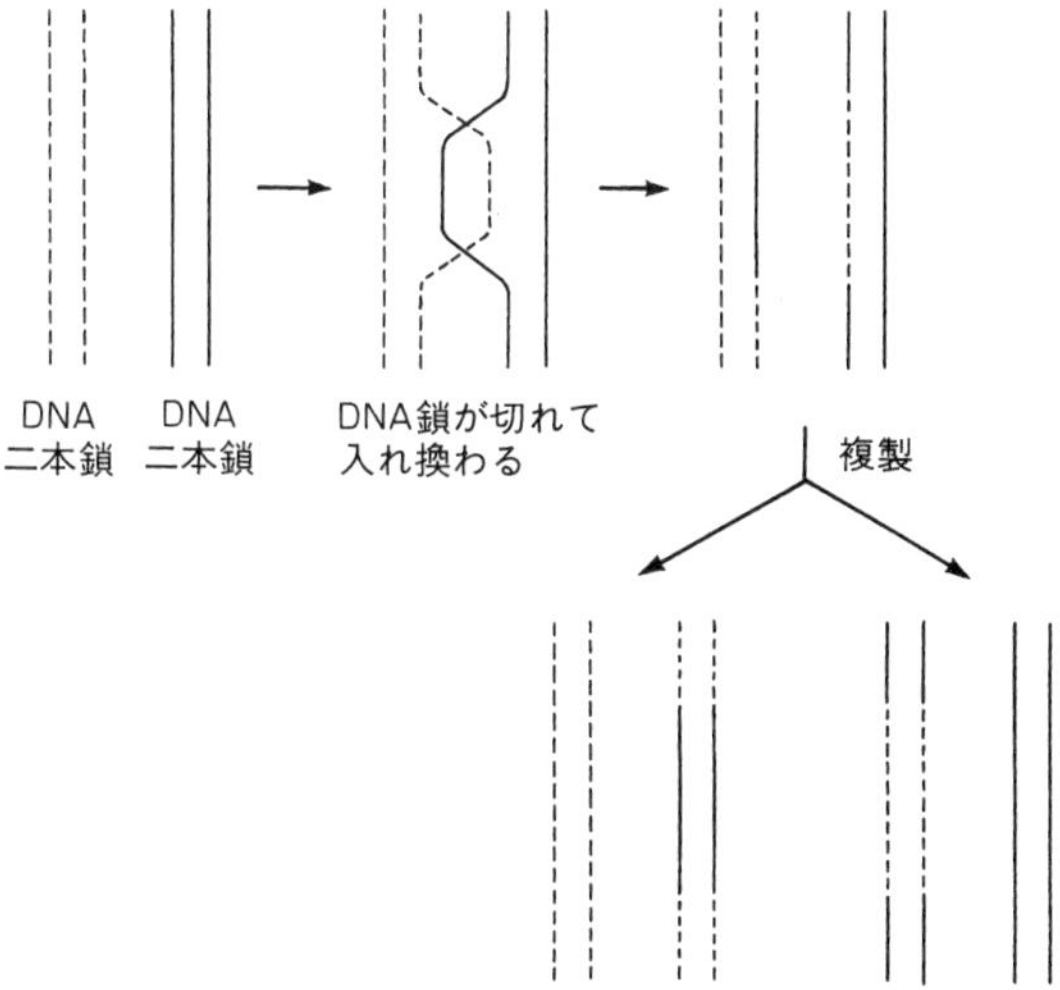

図35　遺伝子の組み換えが起こる機構の一例．対になる染色体の間で位置的に少しずれて組み換わると，遺伝子の重複が生じる．

さて、実際にDNAの塩基配列を調べてみると、進化の過程で遺伝子の重複が頻繁に起こっていることがわかる。生物は、既存の遺伝子を繰り返しつないでいくことによって複雑になってきたらしい。

遺伝子の重複は、新しいDNAをつくるときにうつしまちがいが起こったり、細胞が分裂するときに染色体の一部が組み換わったりして起こる（図35）。対になる染色体にのっていた遺伝子が、そのまま相手の染色体につながれてしまうことがよく起こる。遺伝子を受け取った方の染色体は、おなじ遺伝子を二つもつことになる。もし、この遺伝子が生存に必須の遺伝子であれば、遺伝子を失った方の染色体を受け取った細胞は死んでしまう。

いったん、このようなことが起こると、遺伝子の重複のある染色体が対をつくるときに、ミスマッチが起こりやすく、組み換えによる遺伝子の重複が頻繁に起こるようになる。次に遺伝子の繰り返しによって生物が複雑になっていった過程を示す一例をあげてみよう。

受容体遺伝子の繰り返し構造

脊椎動物の網膜にある桿状細胞に含まれているロドプシンについては「5　刺激の伝達のリズム」で述べた。神経伝達物質であるアセチルコリンやアドレナリンは、受け容れ側の細胞の細胞膜に受容体があり、受容体を介してイオン・チャンネルを開閉している。アセチルコリンやアドレナリンは「開けゴマ」という呪文に相当し、この呪文を受け取って、イオン・チャンネルを開かせる指令を発する分子が、細胞膜の中にある受容体である。

網膜のロドプシン、アセチルコリン受容体（マスカリン型）とアドレナリン受容体（ベータ型）、ペプチドホルモン受容体などは、細菌がもっているバクテリオ・ロドプシンと分子の構造が非常によく似ている。

これらのタンパク質は、三五〇から四五〇のアミノ酸が連なったものであるが、その中にほぼおなじ長さ（アミノ酸がだいたい二三個）の七つの断片がある。この七つの断片では、アミノ酸の配列順序がほとんどおなじである。

タンパク質の中のアミノ酸の配列がおなじであるということは、DNAの中の塩基の配列順序がおなじであるということである。二三個のアミノ酸を並べるためには、その三倍、すなわち六九個の塩基が必要である。この遺伝子は、ほぼ六九個の塩基からなるDNAの断片が七回重複してできたのであろう。

このアミノ酸断片の構造が、脂質でできた細胞膜の中にはまりこむのに適している。そのような断片が七つあるので、この種のタンパク質は折れ曲がって細胞膜の中を七回、いったりきたり貫通することができる。

このような構造をもつ受容体に、アドレナリンのような刺激物質が結合すると、Gタンパク質を活性化することがわかった。刺激物質が受容体タンパク質の特定の場所に結合することによって、受容体タンパク質の形が変わり、Gタンパク質と結合できるようになるのであろう。Gタンパク質の結合部位は、受容体タンパク質の中央部の折れ曲がりの所にあると考えられている（図36）。

刺激物質によって細胞膜に伝えられた情報は、Gタンパク質を経てイオン・チャンネルなどに伝えられる。Gタンパク質は情報の整理係で、その場に応じて情報を増幅したり、減衰させたり、遮断したりしている。

ロドプシンなどのタンパク質の遺伝子は、それ自体が七回の重複によってできたものであるが、それがさらに突然変異を繰り返すことで、アドレナリン受容体などの多くの遺伝子を生み出していったのであろう。バクテリオ・ロドプシンと構造が似ているということから、元祖遺伝子の重複は、原核生物と真核生物がわかれる前に起こったものと考えられる。

バクテリオ・ロドプシンにはGタンパク質は関与しないが、七回細胞膜を貫通する受容タンパク質という構造は、高等動物まで温存され、突然変異の繰り返しによっていろいろなタンパク質の受容体ができあがったと考えられる。

遺伝子重複によって増えたと考えられる遺伝子群は、高等動物ではたくさん知られている。哺乳類だけでも、アクチン遺伝子群、コラーゲン遺伝子群、リボソームRNA遺伝子群などたくさんの遺伝子群が、一つの元祖遺伝子から重複と突然変異によってできたと考えられている。

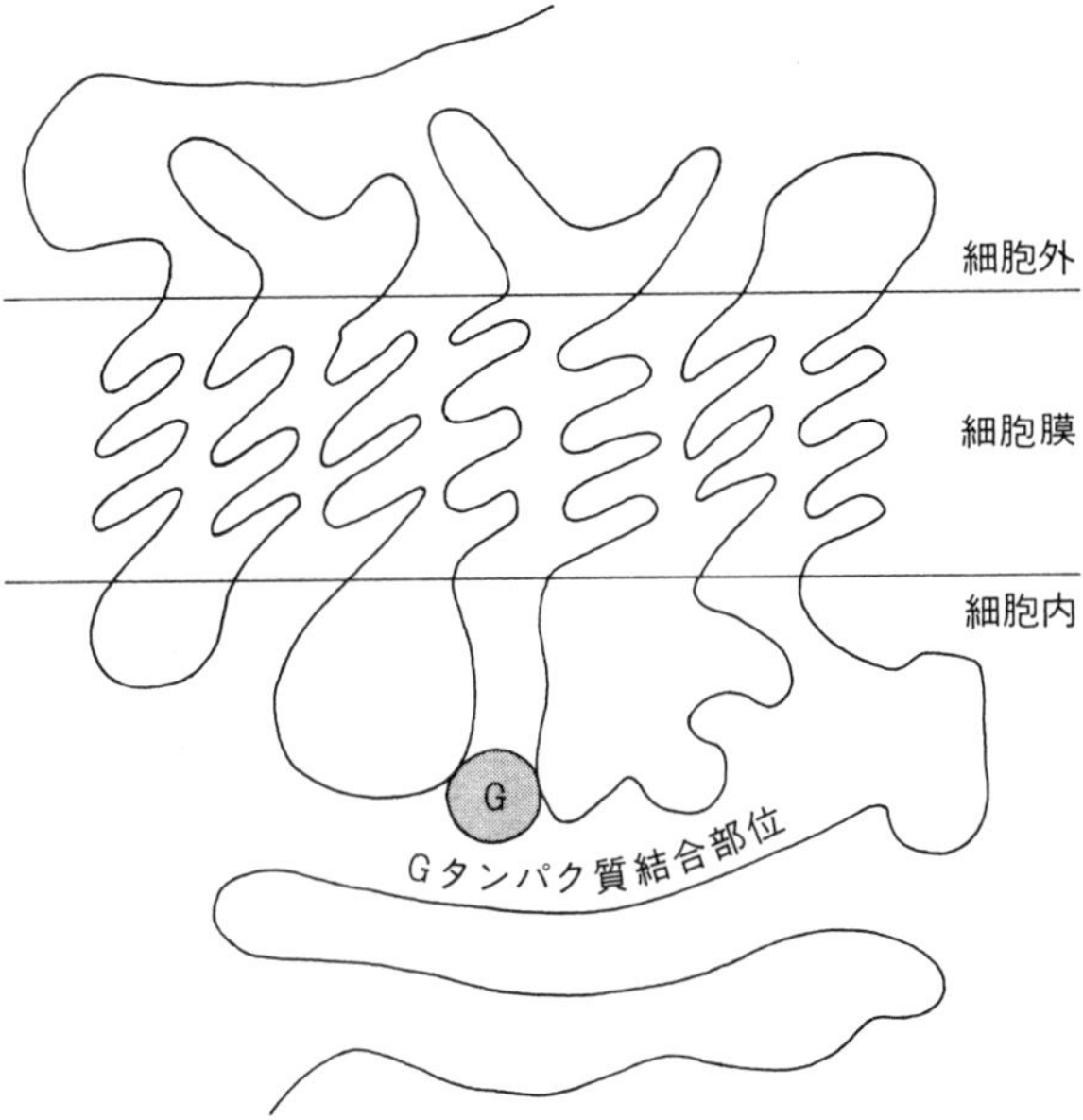

図36　受容体タンパク質

グロビン遺伝子の繰り返し構造

これらの中でも、グロビン遺伝子が重複によって複雑化していくようすは、特によく研究されている（図37）。動物のからだのサイズが小さいときには、酸素が体内に拡散するという方法だけで十分であったが、からだが大きくなるにつれて、酸素を運搬する分子が必要になってくる。

いちばん原始的な動物の酸素運搬分子は、約一五〇個のアミノ酸の連なったグロビン分子である。このようなグロビンは、海産の動物や昆虫に広く分布する。

高等な脊椎動物になると、二種類のグロビンが存在する。今から五億年ほど前に、高等な魚が進化してくる過程で、グロビン遺伝子の重複が起こったと考えられる。二つになったグロビン遺伝子に突然変異が起こり、アミノ酸組成のわずかにちがう二種類のグロビン、アルファ（α）・グロビンとベータ（β）・グロビンができるようになった。

現存する高等脊椎動物で酸素運搬をつかさどるヘモグロビン分子は、二つのαグロビンと二つのβグロビンが結合したものである。このように、構造が複雑になったことによって、酸素を運搬するという機能は、ずっと効率よくおこなわれるようになった。

さらに、哺乳類の進化の過程で、βグロビン遺伝子がもう一度重複して、その中に突然変

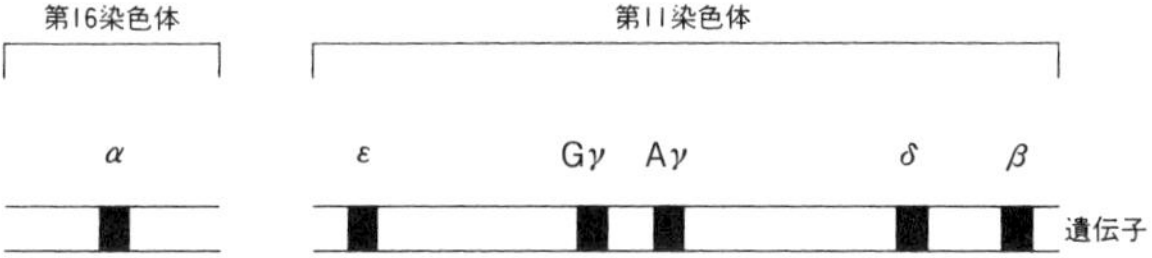

図37　グロビン遺伝子の重複

異が起こったと考えられる。その結果、さらに酸素を運搬する機能が増大した。このグロビンは、機能がよいために、たくさんの酸素を必要とする胎児のからだの中で使われるようになった。

この新しいβグロビン遺伝子は、さらにもう一度重複し、突然変異を起こして、イプシロン（ε）・グロビンとガンマ（γ）・グロビンという二種類の遺伝子になった。胚性期には、二つのαグロビンと二つのεグロビンからなるヘモグロビンを使い、やがて、二つのαグロビンと二つのγグロビンからなるヘモグロビンを使うようになる。

さらに、霊長類の進化の際にもう一度、おとな型のβグロビンに重複と突然変異が起こり、デルタ（δ）・グロビン遺伝子ができた。おとなの霊長類のヘモグロビンは、おもにαグロビンとβグロビンが二つずつ結合したものであるが、αグロビンとδグロビンが二つずつ結合した分子も含まれている。

αグロビン遺伝子は、霊長類の第一六染色体上にあり、βグロビン遺伝子は、第一一染色体上にある。βグロビン遺伝子は、重複と突然変異を繰り返して、ε、γ、δなどのグロビン遺伝子を生み出した。さらに、γグロビン遺伝子に重複と突然変異が起きて、GγとAγの二種類の遺伝子が生じた。

αグロビンとβグロビンは、鳥と哺乳類では別々の染色体上にあるが、アフリカツメガエルではおなじ染色体上にある。したがって、約三億年前に、一つの染色体上にあった遺伝子がもう一つの染色体上で重複され、現在のような形になったのであろうと考えられている。

これまで述べてきたのは、現在機能しているグロビン遺伝子についてであるが、重複と突然変異を起こしておきながら、機能していない遺伝子が、αグロビン側にもβグロビン側にもある。これらの遺伝子は、疑似遺伝子と呼ばれているが、進化の過程ではこのような失敗作もたくさんつくられ、現在にいたるまで存続しているらしい。

ヘモグロビン遺伝子は、特によく研究されている例であるが、他の遺伝子についても研究が進めば、このような誕生過程があきらかにされるであろう。遺伝子の繰り返しが生物の多様化、複雑化にとっていかに重要であったかということがわかる。

19　非平衡系と生命現象

これまで生命現象の中に見られる繰り返し現象を拾いあげて、その機構を探ってきた。これらの繰り返し現象の中には時間的なものもあれば、空間的なものもある。

それらを個々の現象として見ていると、いろいろな繰り返し現象があるものだという程度の理解で終わってしまう。科学の研究では、個々の事象を細かく追求していくことも大切であるが、それらの事象の間にみられる共通の法則を見つけだして普遍化の方向にまとめていくことも重要である。そのような普遍化によって、個々の事象を超えた新たな視点からいろいろな現象を総合的に見ることができるようになる。

繰り返し現象に関する普遍化は、生命科学の分野ではなく、物理の分野ではじめられた。イリヤ・プリゴジンやヘルマン・ハーケンが複雑な現象を解析することによって得た概念が、生命現象に関する繰り返し現象を総合的に説明する鍵となり得るのである。

非線形現象

物理学で古くからあつかわれてきた現象は、比例関係のあるような「線形性」の現象であった。たとえば、振り子がそのよい例である。線形性のない現象は、複雑なものとされ、生命現象もその複雑なものの中に分類されていた。

しかし、注意してみると、線形現象はごくかぎられており、私たちのまわりには、非線形現象が満ちていることがわかる。一般に、個々の要素の性質をそのまま単純にたし合わせても、全体の性質が生じないことを非線形性と呼ぶ。非線形現象を解析していくと、そこにはおもしろい世界が開けてくる。カオス、フラクタル、ソリトン、リミット・サイクル振動など多様な現象が非線形現象の中に含まれている。

このような多様性を生じる非線形現象は、通常、熱力学的平衡からのずれによって生じる。物理学の分野でよくあつかわれる非線形現象は、熱対流である。熱対流は、味噌汁の中の渦巻模様にも見られるし、大気と海洋の循環のような大規模な現象にも見ることができる。また、太陽における熱と物質の移動の基礎にも対流があり、太陽活動にまでも影響をあたえている。

対流に関しては、一九〇〇年にアンリ・ベナールがおこなった簡単な実験がある。

ベナールの実験

二枚の平行板があり、その間に板よりも薄い水の層がはさまれているとしよう。このまま静置しておけば、水は均質な状態になり、どの部分をとってみても、統計的におなじ状態にある。

今、水の中に仮想の二つの小さい部屋A、Bを考えよう（図38）。この部屋は何かで囲われているわけではなく、均質な水の一部としての想像上の部屋である。

この部屋の中に小人の観測者がいたとしよう。その小人は、液体が均質なときには、自分がAの部屋にいるのか、Bの部屋にいるのかを区別することはできないであろう。A、Bどちらの部屋で観測したどのような値も、まったくおなじはずである。このような系（＝部分空間）を熱力学的平衡系と呼ぶ。

この系を、板の下から熱したらどうなるであろうか。板の下から加えられる熱が高くなるにつれて、平衡状態が破れるであろうということは、私たちにも直感的に想像がつく。このように平衡状態を破るような因子を外的拘束と呼ぶ。

系を下から熱すると、まず小さな揺らぎが生じる。外的拘束が大きくなるにつれて、系はどんどん平衡状態から引き離されていく。そして、臨界値と呼ばれる外的拘束の値を超える

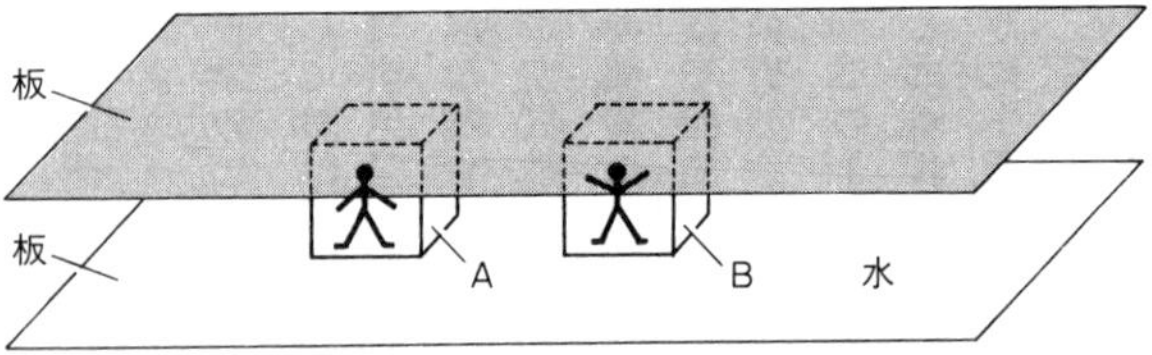

図38　ベナールの実験

と、液体は突然、体積運動をはじめる。

さて、このときの状態をもう少し考えてみよう。下方から温めるのであるから、下の板に近い部分の水は上の部分の水よりも膨張して密度が低い状態にある。下側の水の方が軽いという状態である。軽い水のかたまりは上に昇ろうとするから、水の層の中に重力に逆らって下から上へ向かう密度勾配《こうばい》ができ、水の層は不安定な状態になる。

さて、先ほどのベナールの小部屋をもう一度考えよう。下の板付近にある小部屋が温められて、わずかに上方へ移動したとしよう。すると、まわりの水は小部屋の水よりも冷たくて密度が高いので、さらに上向きの運動が増幅されることになる。

もし、この小部屋が最初にあったところに、上方にあった水が入り込むと、この水のかたまりは自分よりも密度の低い（軽い）水に囲まれることになる。したがって、この水のかたまりの方が重いので、下向きの運動をさらに増大させることになる。このように、水の層に外的拘束を加えたことによって、上向きと下向きの流れが生じることになる。

この流れが、外的拘束の臨界値を超えないと生じないのは、液体の粘性とか熱伝導などによって外的拘束のエネルギーが失われるからである。外的拘束がこれらの抵抗に勝ったところで、不安定化が起こりはじめる。この値が外的拘束の閾値《いきち》となるのである。下から温められた水の層の運動は増大して、液体の上昇、下降、回転と、私たちがよく知っている熱対流運動を展開することになる。

空間の対称性の破れと時間の対称性の破れ

さて、もう一度ベナールの小部屋の観測者の目でまわりを見てみよう。彼の小部屋が現在どのような動きをしているかによって、彼は水の層の中のどこにいるかということを知ることができる。ここに空間という概念が生まれる。

平衡系では、内側からは空間は感知されなかったのであるが、平衡がこわされたことによって、空間という概念が生じる。これを空間の対称性の破れと呼んでいる。

また、ベローソフ‐ジャボチンスキー反応で見られたように、黄色──→無色──→黄色という化学反応の周期的な振動が起こる場合がある（一二八ページ）。平衡系では時間は無視されているが、非平衡系においては、時間の概念が生まれる。これを時間の対称性の破れという。

ここで観察した水の層の中で、個々の水の分子は不規則な熱運動をしているにもかかわらず、外的拘束との連携によって、対流という組織化された運動が目に見える形で生じるのである。系の不安定状態を解消しようとして、系の中に協同的な変化が起き、マクロな秩序が自己形成される。

ベナールの小部屋を視覚化するためには、非常に細かいアルミニウムの粉末を液体に入れておく。光をあてるとアルミニウムの粉末が光るので、露出時間を長くして写真に撮ることができる。板の上下の温度差を均一にすると、直径一ミリほどのベナールの小部屋が、蜂の巣のように液体一面に規則的に並んでいるのを見ることができる。これは、対流という液体の流れによって形成された秩序のある構造である。

ベナールの小部屋の系では、下から温める、すなわち、外からエネルギーを加えることによって、系を熱力学的平衡状態から切り離した。化学的な系を平衡状態から切り離す一つの方法は、系と環境の間に物質の流れを生じさせることである。すなわち、開放系（熱力学的平衡から隔たった非線形非平衡系）をつくることによって、平衡状態を崩すことができる。

開放系は、生命活動を営んでいる系で普遍的にみられる現象である。エネルギーの流れ、栄養物を取り込んで排泄物を放出するという物質の流れなど、生物系は典型的な開放系である。このようにして、生命現象は外的拘束にさらされ、平衡状態を破られているのである。

細胞レベルでも、神経細胞の軸索の内外のイオンの極端な濃度差は、高度な非平衡状態を意味している。そこに時間の対称性の破れが生じ、リズムが生じるのである。

ベナールの小部屋では、水の密度の高低の逆転ということによって、系の中に潜在的に不安定な状態がもたらされた。化学反応でこれに相当するものは、自己触媒作用である。たとえば、反応の結果できたものが、その反応の速度をはやめるといった場合である。

非平衡系としての生命系

生命現象の系にも自己触媒作用が存在することを私たちはいたるところで見てきた。その典型的な例はＤＮＡの自己複製であろう。この自己触媒サイクルでは、ＤＮＡは自己複製を促進する酵素を合成している。この酵素の存在によって、ＤＮＡは非常に効率よく自己を複製することができるのである。

フィードバック制御は、非平衡状態をもたらす。生命系では、化学反応は酵素の助けによって促進されるが、おなじ反応がまた生成物によって抑制されるフィードバックの例がたくさん知られている。このほかにも活性化酵素、抑制酵素などによって、いたるところに複雑なフィードバック・ループが形成されている。

生命の起源を考えてみると、最初に出現した生命分子（ＲＮＡ）の自己組織化に空間の対称性の破れを見る。そこに含まれた情報を読みとるという過程は、また鋭い対称性の破れとみることができる。

一つの対称性の破れがさらに大きな対称性の破れを生むということが繰り返されて、細胞ができ、体節ができ、個体ができるというように階層的に組織化が進んでいく。

卵細胞から細胞分裂という時間の対称性の破れによって個体の組織化は進んでいく。ここでも細胞が無限に増殖しないようなフィードバックがかかっている。発生過程では、空間の対称性の破れを誘導する機構として、物質の濃度差を物差しとして使っていることを「15 体節という繰り返し構造」で述べた。

数学者で電子計算機を発明したアラン・チューリングは、一九五二年に「化学物質の介在によって対称性の破れへと転移するのは生命現象の特徴の一つである」といっている。

実際の生命系では、介在する化学物質が、濃度差をあたえることによって局所的な系の不安定性をもたらすばかりでなく、この物質が遺伝子を活性化して、さらに時空の対称性の破れを促進するという自己触媒作用をも担っている。そこには、幾重にも入り組んだフィードバック・ループが形成されている。

生物の自己組織化は、複雑性へ向けて移行していくが、これは系に生じる不安定性につづいて生じる新しい状態への分岐の結果である。対称性の破れは、系内の異なった部分間、あるいは系と環境との間に内在的分化を生み出す。このような空間的不均一性が細胞にとっての情報となるので、新たな遺伝子の活性化によって、分化は自己触媒的に進行する。

非平衡系で対称性の破れが生じた場合、分岐の後にその系が取り得る状態には、いろいろな可能性がある。それらの中からどの可能性を選び出すかということが重要になってくる。生命系以外の非平衡系では、どの可能性が選択されるかということは揺らぎにまかされているが、生命系では、その選択を揺らぎにまかせるということはなく、情報系を使って可能性の選択の幅を限定している。

生命系では細かく入り組んだ自己触媒作用とフィードバック制御、情報系の発達により、選択の幅が非常に小さくなっている。そのようなものが進化の過程で選ばれて生き残ってきたのであろう。

生命系の組織化の階層構造は、原子──→分子──→細胞──→器官──→個体──→社会へと次第に空間的に大きな位置を占めるようになる。

20　繰り返しと心の安らぎ

私たちが生きていく上で重要な問題、たとえば危険を察知するとか、その時にどのような行動をとるべきであるとか、その他いろいろな問題をどのように知覚するのであろうか。また、私たちは、環境や自らの生命活動から得た情報を、いったいどのように処理しているのであろうか。

痛みの学習

危険を知覚する代表的な方法として、痛みを感じるということがある。痛みは動物にとって代表的な危険信号である。たとえば、幼児が熱いやかんに手を触れてやけどをする。もし、その子が二度おなじ経験をしたとすると、一度目の経験よりはしっかりと、火にかかっているやかんと痛みとの関係を確信するであろう。このようにしてこどもは危険なものを学んでいく。

ここで、このこどもの認識過程を考えてみると、最初に熱いやかんに触ると痛いという経験がある。次にもう一度触ったときにも痛いという二度目の経験がある。これが二度目であることを知るためには、そのこどもは一度目の経験を記憶していなければならない。そして、その一度目の経験と照合して、二回起こることはより確かであるという判断をする。

私たちの行動の中には、遺伝的、先天的にきまっているものと、学習によるものとがある。学習という考え方には、学習すべきもの、学習できるものが存在するという前提がある。動物が生存のために何を学習しているかということを考えてみると、やかんの例からもわかるように、経験と照らし合わせて、自然の中にどのような法則があるかということであろう。

火にかかっているやかんに触ると熱いという法則は、その経験が繰り返される頻度が増すほど、より確実なものとして記憶される。こどもによっては、最初の経験では「火にかかっている」という条件が抜けてしまって、「やかんは痛い」と学習してしまうかも知れない。しかし、経験を重ねるうちに、痛いのは熱いやかんであるということを学ぶであろう。状況がもっと複雑な場合には、私たちは自然の中の法則を誤って判断する場合もある。ここで大切なのは、学習した自然の法則が絶対的な真理であるということではなく、私たちにとって正しいと思えるということなのである。

私たちは、自分が学習した自然の法則と思えるものに照らして可能性の推論をして、とるべき行動を決定する。自分の経験と照合して、「火にかかっているやかんに触ると痛い」という可能性を推測することができる。

私たちは、生命活動上の問題の可能性を予測し、的確に予測的な判断をし、的確に予測的な行動をとることができる。これは、人間に特有な能力ではなく、多くの生物に備わった特性である。

生物は一般に論理的必然性によって推論するという方法はとらない。火にかかっているやかんは、火から何カロリーの熱を吸収し、やかんの中に入っている何リットルの水が何度になっているので、それが皮膚に触れると皮膚の組織が破壊される……という論理はまったく必要としない。

かつて触って熱かったという経験だけに頼って可能性を推論するのである。単に経験に照らして確率的に正しい行動ができるようなプログラムが、遺伝情報として組み込まれているように思える。

自然の秩序としての繰り返し

確率的に正しい判断をするために重要な自然の秩序のもつ特性の一つは、繰り返しということであろう。生命現象の中の繰り返しについてはいくつかの例を見てきたが、この世界の中にはまったくおなじ形式で繰り返されることやものがたくさんある。そして、それぞれのものは、想像を絶する頻度で繰り返されるのである。

宇宙には七×一〇の二二乗個の星があり、一〇の八〇乗個の素粒子がある。生命が誕生してからこの方、太陽は一〇の一一乗回昇ったり沈んだりしている。人間は地球上に一〇の九乗回繰り返され、一人の人間を構成している細胞は六×一〇の一四乗回繰り返されている。地球上の木はいったい何回繰り返されているのであろうか。

私たちは、単なる経験と同時に、ものごとを予測しそれが正しかったという経験によって知を獲得していく。この過程は常に意識されるとはかぎらないが、このような知覚の獲得過程が遺伝的にプログラムされているのではなかろうか。このように、可能性という仮説にもとづいて推論し、その結果を経験と照らし合わせて検証していくという知の獲得の方法は、生命活動上の成功の可能性を拡大させるはずである。

もちろん、世界にはまったく繰り返されないものもあるが、それは可能性を推論するための資料としてはあまり意味がない。生物の認識のメカニズムは、身の回りから同一なもの、繰り返されるものを取り出して記憶するというように進化してきたのではなかろうか。そして、一つの経験の繰り返しの頻度と確率の高さを関連づけて認識しているように思われる。

経験の繰り返しが、脳の記憶回路のシナプス結合を強化させる可能性がある。大脳の海馬と呼ばれる部分の神経細胞に入る軸索を高頻度で短時間刺激すると、その回路のシナプス結合が強化されることが示されている。記憶のメカニズムを考えれば、繰り返される事象の方が当然強く記憶に残るということになる。

繰り返されるものごとが強く記憶に残るというばかりでなく、繰り返されることをより確かなことと認識する機構が、私たちの脳の中に存在するように私には思える。その繰り返されるものごとが危険なものである場合には、私たちはそれを避けようとするが、特に好ましいものでなくても、一般に繰り返しそのものの中に、私たちは安心感、安らぎを感じるのではなかろうか。

安らぎの分子機構

さて、ここで繰り返し現象から少し離れて、安らぎとは何かということを考えてみよう。心の安らぎがなぜもたらされるかということは、まだよくわかっていない。しかし、からだの中に存在するモルヒネが重要な役割をはたしているという可能性は示唆されている。

一九六九年にレイノルズは、ラットの中脳にある中脳水道周囲灰白質（ＰＡＧ）と呼ばれる部分を電気的に刺激すると、痛みを大幅に減少させることができることを発見した。ＰＡＧに電気刺激をあたえながらラットの開腹手術をできるほど鎮痛効果は大きかった。

ＰＡＧの刺激をやめると痛みはもどった。また、ＰＡＧを破壊すると、電気刺激による鎮痛効果はまったく見られなくなった。なぜこのようなことが起こるのであろうか。可能性はいろいろあったが、電気刺激が脳の中の鎮痛物質を活性化するという、一見突飛な仮説により、ほんとうに脳の中にモルヒネのような鎮痛物質のあることがあきらかにされた。

モルヒネとよく似た化学構造をもつ物質で、ナロキソンと呼ばれるものがある。ナロキソンはモルヒネと似ているために、モルヒネの鎮痛効果を妨げることが知られていた。これは、細胞膜上にあるモルヒネ受容体をナロキソンが占拠してしまうためである。

ＰＡＧの電気刺激による鎮痛作用は、ある程度までこのナロキソンによって妨げられるのである。この実験結果は、ＰＡＧを電気刺激したときに生じる鎮痛作用は、モルヒネ様物質の作用である可能性を示唆している。

この実験結果を受けて、科学者の間で脳の中のモルヒネ物質の追跡競争がはじまった。ついに一九七五年にコスタリッツとヒューズが、ブタの脳の中にモルヒネ様物質を発見した。麻薬として恐れられている物質が、ほんとうに動物の脳の中にあったのであるから、研究者の驚きは大きかった。

コスタリッツらによって発見された物質は、アミノ酸が五個つながっただけの小さい分子で、エンケファリンと名づけられた。エンケファリンには二種類あることもわかった。一九七五年にはヒトの脳脊髄液からもエンケファリンが発見された。

その後、脳の中のモルヒネ様物質は次々に発見され、一九八二年頃までに図39のように三つのグループの物質が存在することがあきらかにされた。これらの物質は、一括してエンドルフィン（体内にあるモルヒネの意味）あるいはエンドジナス・オピオイド・ペプチド（体内にあるアヘン様ペプチド）と呼ばれている。

ストレスと麻薬物質

エンドルフィンの一種であるベータ・エンドルフィンは、おもしろいことに副腎皮質刺激ホルモン（ACTH）とおなじ前駆物質からできることがわかった。副腎皮質刺激ホルモンは、ストレスを受けたときに脳下垂体から放出されて、副腎皮質を刺激するホルモンである。

ストレスにさらされて、副腎皮質刺激ホルモン遺伝子が活性化されると、そこで合成されるmRNAには、その一部としてベータ・エンドルフィンの情報が含まれている。その情報は、まず、副腎皮質刺激ホルモン―ベータ・リポトロピン前駆タンパク質という大きな分子として合成される（図40）。このタンパク質をいろいろなところで切ることによって、その状況に応じて必要なタンパク質をつくることができる。したがって、副腎皮質刺激ホルモンの出るようなストレスにさらされると、ベータ・エンドルフィンをも同時に合成して血中に放出することができる。

ストレスにさらされたときに、なぜ血液中にモルヒネが放出されるのであろうか。ファン

前駆物質	
プロエンケファリン	メト・エンケファリン
	ロイ・エンケファリン
	ヘプタペプチド
	オクタペプチド
プロ・オピオメラノコルチン	アルファ・エンドルフィン
	ガンマ・エンドルフィン
	ベータ・エンドルフィン
プロダイノルフィン	アルファ・ネオ・エンドルフィン
	ダイノルフィンA(1-17)
	ダイノルフィン(1-8)
	ダイノルフィンB(リモルフィン)

図39　エンドルフィンの三つのグループ

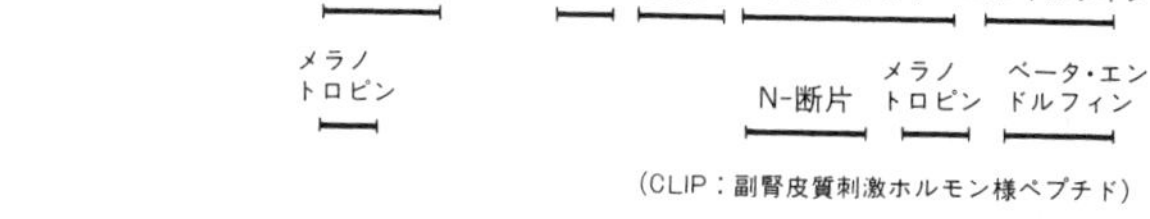

図40　副腎皮質刺激ホルモン―ベータ・リポトロピン前駆タンパク質から生じるいろいろなタンパク質（いろいろな切断のされ方がある）

スローは、小動物が襲われたときに、体内モルヒネの分泌により痛みを感じないようになれば、その場を逃げおおせるので生存に有利であると考えた。

このようなことは、人間でもよく聞いたり経験したりすることである。交通事故にあってかなりの傷を負いながら、そのときには痛みを感じないということはよく耳にするし、戦場の傷ついた兵士にもおなじ現象が起こるという。

社会的安心感と麻薬物質

脳内エンドルフィンと社会的安心感とのつながりについての最初の実験は一九七八年におこなわれた。

幼いイヌやモルモットは、母親から引き離されると母親を求めて鳴くが、モルヒネをあたえると鳴くことが少なくなる傾向がみられた。一方、モルヒネの阻害剤であるナロキソンをあたえると、母親を求めて鳴く頻度が増大した。そのほかに何種類かの精神治療薬や精神安定剤をあたえてみたが、モルヒネのような効果はみられなかった。

モルヒネに対する同様の反応はヒヨコでも観察された。イヌとモルモットでおこなわれたのとおなじ実験結果がヒヨコでも確認された。また、ヒヨコは人の掌の中に包み込むようにすると、三〇―四〇秒以内に目を閉じて眠ってしまう。モルヒネを注射したヒヨコは九――

二秒で眠り、ナロキソンを注射すると、眠るまでの時間が七六―一二四秒にのびた。エンドルフィンを使っても、おなじような結果が得られた。

この実験をおこなった心理学者のヤーク・パンクセップは、次のような仮説を立てている。「エンドルフィン濃度が低いと、動物は社会的な刺激を求めるようになる。社会的刺激が得られると、その刺激がエンドルフィンの放出を促し、放出されたエンドルフィンが別離などの苦痛を緩和するばかりでなく、社会的なかかわり合い行動の強化、あるいは報酬を生じるのである」

このように、エンドルフィンは、人間の社会性や愛や悲しみといった、現在の科学では説明できない現象に回答をあたえる鍵をにぎっているのかも知れない。しかし、脳科学の現状では、この問題を完全に説明するのはまだ難しいであろう。

心理学者のレヴィンソールは、自著『エンドルフィン』の中で次のように述べている。「不確実性を何とかして確実性に変じ、辻褄の合わないことに整合性を与えたとき、脳内のエンドルフィン系がそのような安堵感や、ときには陶酔感をもたらしている可能性はきわめて高い。ここにもまた、人類の生物学的遺産とのつながりを見ることができる。もろもろの理念間に関連性を見出そうと追究するのは、人間だけの習性かもしれないが、関連性という理念は、進化の歴史をずっと貫いてきた命題なのだ。人類の発生のずっと初期の段階で、神経系は、場所との関連性、そして人々との関連性を人間が確実に把握するように構築されてきた。そして、脳の進化のこのような点のすべてにおいて、エンドルフィンが機能することの重要性を本書は述べてきたのである」

このような心理学者の弁を聞くと、私たちのまわりに見られる時間的・空間的な繰り返しの間の関連に整合性を感じたとき、私たちは、安堵を覚え、それがエンドルフィンと関連しているのではないかと夢想してみたくなる。

母親が赤ちゃんの背中をおなじリズムでたたくとき、なぜ赤ちゃんは安らぐのであろうか。「赤信号、みんなで渡れば恐くない」の心理の根底には、どのような生命現象が横たわっているのであろうか。

先天的な聾唖者の詩の中に韻を踏んでいる例のあることが報告されている。おそらく人間のリズム感覚の少なくとも一部は、遺伝的に脳の回路の中に記されているのであろう。

三、三、七拍子の応援の拍手に、なぜ私たちの心は躍るのであろうか。なぜ激しい太鼓のリズムに陶酔状態になるのであろうか。この問に対する答を得るには、脳の科学の進歩をまたなければならないが、リズムという一つの現象が生命現象といかに深くかかわり合っているか、そして、それが宇宙の進化、生命の進化の過程で組み立てられてきた秩序と、いかに深いつながりをもっているかということに想いを馳せてみていただきたい。

21　文化とリズム

これまで述べてきたリズムの問題は、生物が先天的にもっている機構に基づいた現象であった。リズムの発生のメカニズムも、それを認識する機構も遺伝的に定められていると考えられる。この章では、非遺伝的なリズムについて考えてみたい。

魚より高等な動物には、習得された行動や情報が非遺伝的に伝達・蓄積される現象、すなわち文化がみられる。文化の中にもリズムのあることを私たちは経験的に知っている。好況と不況にはリズムがあり、ファッションは繰り返される。歴史は繰り返すのである。

スカートの長さの変化を考えてみよう。最初に誰かがミニスカートをはくという揺らぎが起こる。最初のうちは、これはむしろ突飛な装いであるかも知れない。しかし、それをまねする人がある数まで達すると、それは流行の兆しを見せはじめる。

はく人の自然の嗜好ばかりでなく、業者の思惑も介入してくるが、ミニスカートをはいている人がある数を超えると、自分だけが長いスカートをはいていることは奇異に感じられる。他人との同一性に安らぎを覚える心理が流行を生む。

しかし、それがスカートである以上、ある長さが必要である。その限界に達すると、ソアッションのイニシエーターは長いスカートをはいて集団に揺らぎをもたらす。このようにして、潮の満ち引きのようなファッションの繰り返しが起こる。

文化のリズムには、いろいろな因子が複雑に影響し合っていると思われるが、人間の心の中に極端に標準からはずれたものを好まない気持ちがあり、これが文化におけるフィードバックの働きをしているのではなかろうか。このときの標準と感じる基準は、文化の中の繰り返しの頻度に大きく依存しているであろう。

繰り返しの中の揺らぎ

「20　繰り返しと心の安らぎ」で、私たちが時間的・空間的に繰り返されるものに安堵感をもつ可能性を考えてみた。しかし、私たちには、退屈する、飽きるという心理もある。揺らぎを求めるようである。ただし、その揺らぎは、あくまでも繰り返しの安らぎの中での揺らぎであろう。

私はこれまで、生命現象にみられるいろいろなリズムに存在する揺らぎについてはあまり触れないできた。しかし、これらがすべて、素粒子の、あるいは原子の集合体に起こる確率的な現象であれば、揺らぎがあって当然ともいえる。すべての値は、平均値を中心にしてわずかに変動しているのである。

心臓の拍動や脳波ばかりでなく、星の輝きや川の音、風の速さなどにも揺らぎが見られ、その揺らぎの中にも単純な法則性のあることがわかっている。この揺らぎが$1/f$揺らぎである。

私たちの心も文化や環境の中に揺らぎを求める。掃き清められた庭に数枚の落ち葉、活け花にみられる非対称性、たちまち散ってしまう桜への恋慕。日本人は特に環境の中の揺らぎをたいせつにする民族のように思える。

繰り返しに安らぎを見出す一方で、一度かぎりのもの、はかなさに私たちは特別の感情を寄せる。はかなさの中に悲しみを読みとり、それを美にまで高めていく。悲劇の鑑賞を好むのには、このような美意識とともに、日常性からの脱却という願望も込められているのかも知れない。

私たちが好むのが非遺伝的な文化や環境の中の揺らぎであっても、揺らぎを好むという性質の少なくとも一部は遺伝的なものであろう。しかし、日本人に環境の中の揺らぎを好むという特性があるとすると、揺らぎを求める心理の一部は学習によるものかも知れない。

音楽のリズム、文学のリズム

文化のリズムの中で、特に興味深いのは、文学と音楽のリズムである。音楽家であり、心理学者であるアントン・エーレンツヴァイクは、音楽と言語は共通の起源をもつと推測している。その初期の形態は、しゃべることでも歌うことでもない、その混合ともいうべき原始言語であったのではないか。その後、音程とリズムに重点をおく音楽と、声の調子に重点をおく言語に枝分かれしたというのがエーレンツヴァイクの考えである。

音程とリズムの要素は、より洗練された形に進化して音楽となり、言語は音素によって意味を伝え、論述する機能に洗練されてきたのではなかろうか。文学、特に詩の言語は、音楽と論述的言語の間にあって、リズムの要素を強く残しているのではないか。このように考えれば、文学のリズム、音楽のリズムとわけて考えなくても、リズムと情感の関連についてだけ考えればよいことになる。

$\frac{1}{f}$揺らぎは、原子の世界から宇宙規模の現象にまで見られるのであるが、クラシック音楽の音の強弱やリズムの変化にも含まれている。$\frac{1}{f}$揺らぎの要素が多く含まれているものを、人間は美しく心地よい演奏と感じるという。

音楽は音の乱雑な羅列ではなく、単音の繰り返し、フレーズの繰り返しなどによって成り立っている。私たちは、その中に一つの構造を読みとるのであるが、繰り返しと揺らぎのほどよいバランスが快い情感を抱かせるのであろう。

ゴールドシュタインは、音楽によって情動的な快感を味わうと答えた約九〇人のボランティアの学生に、ナロキソンあるいは生理食塩水をあたえて、その効果を比較してみた。すると、少なくとも何人かにおいては、ナロキソンが音楽によって快感を得ることに対して顕著な抑制作用をおよぼしたという。メロディーのない太鼓の連打が人々を恍惚状態にまで導く力のあることを考えると、どうしてもリズムとエンドルフィンの関係を疑ってみたくなる。

このような視点で生物を、そして人間を、文化を見つめなおしてみると、宇宙の中に織りなされた大きな組織の中に溶け込んだ人間とその営みが見えてくるのではなかろうか。

私という小さな存在。しかし、その中に巧みに仕掛けられた多くの時間的・空間的繰り返し構造。本書では、生命現象にみられる繰り返し現象を中心に話を進めてきたが、その繰り返しの起源は、宇宙の創生時に生じた素粒子の繰り返しにあるということを考えると、自然の一部としての自分の存在の不思議さは無限に広がって私の心を打つ。

おわりに

冬の夕日が真っ赤に燃えて西の空に沈むとき、また翌日も日が昇ることを私たちは疑わない。たとえ厚い雲に覆われていようとも、太陽が空に昇ることを確信している。暮れた空に見える月の満ち欠けも当然のこととして受け止める。

冬はやがて終わりを告げ、春がやってくる。まだ雪の残っている庭に梅が咲きはじめるころ、鶯の初音を聞く。樹々は芽吹き、緑を増やしてやがて色づいて散っていく。夕空に渡り鳥の列を見るのもこのころである。

私たちのからだに目を向けると、心臓は一定の間隔で打ちつづけ、肺は一定の間隔で空気を吸ったり吐いたりしている。夜がふけると眠り、朝には目が覚める。赤ん坊は成長し、こどもは大人になりやがて年をとって死ぬ。この過程も生殖細胞を通して繰り返されている。

さらに、私たちは韻を踏んだ詩を読むことに快感をおぼえるし、リフレインをうっとりとして繰り返す。行進曲のリズムに心は躍り、太鼓のリズムは私たちを陶酔させる。それは麻薬にも匹敵する強さをもって、私たちを快感に引きずり込むのである。

詩歌のはじまりは、人類の原始宗教と深くかかわっていると考えられている。歌人の近藤芳美は、次のように記す。

「そのような宗教陶酔のことばは最初単純なものであり、恐らくは単純な言語の繰り返しであったと考えられます。『神』への怖れであり、願いであり、祈りであったものなのでしょう。その単純、単調な、始めはモノローグに似た呟きの繰り返し——果てない繰り返しのうちに彼らはしだいにエクスタシーに入り、『神』との会話に入り、さらには『神』の声を語り出しました。言語の反復がもたらす一種の恍惚を、人間は原始宗教の世界のものとしてまず最初に知ったと言えます」（『短歌入門』近藤芳美、筑摩書房）

単純な言語の繰り返しがなぜ、恍惚感を生むのであろうか。私は宇宙の中の時間的・空間的な繰り返し現象について考えていくうちに、私たちが生きていく上での安心感が、繰り返し現象の予測の上に成り立っているのではないかと考えるようになった。自分の予測通りにものごとが繰り返されることに、私たちは安心感と快感を感じるように進化してきたのではないか。

繰り返しの頻度の高いものを安心と感じる生き物が、生存の安全を確保して増えてきたのではないか。時間的あるいは空間的な繰り返し現象に快感を感じる能力を獲得した生物が、生存に優位を保って生き延びてきたのではなかろうか。

本書では、生命現象にみられる繰り返し現象を中心に、そこに発生するリズムについて述べ、その繰り返しの起こる機構について考えてみた。おなじ現象が一定の間隔をおいて繰り返し起こるときに、そこにリズムが生じる。心臓の鼓動のリズム、覚醒と睡眠のリズム、日の出と日没のリズムなどは私たちが日常に感じているリズムである。

さらに、私は、時間的なリズムのみならず、空間的なリズムという観点からも生命現象を考えてみた。すると、私たちのからだだけを考えてみても、何層にも積み重なった繰り返し構造によって人間ができあがっていることがわかる。細胞の繰り返し、遺伝子の繰り返し、塩基の繰り返し――そして、最終的には素粒子の繰り返しが「私」という個体をつくっている。

リズムというたった一つの言葉をめぐって生命現象を解いていくと、それは、ほとんどすべての生命現象について言及することになる。リズムとは、生物にとってそれほど根元的な現象であるということであろう。時間的・空間的リズムは、対称性の破れという視点から統一的に説明することができる。このような視点で生命現象を見つめると、私が、これまで学校で教えられた生命科学の枠組みにいかに捉えられていたかということに気づく。

形態学、分類学、遺伝学、発生学、生理学、内分泌学、脳神経科学、免疫学、生態学などという概念が、私の頭の中に仕切りをつくっていた。リズムという視点で生命現象を見つめなおしてみて、次々に繰り広げられる世界に私自身が驚かされたのである。そして、本書を書き終えた今、私は学校で教えられた生命科学の枠組みからかなり自由になった自分を感じている。それは、私が生命現象の本来の姿に一歩近づけたことを意味するように私には思えるのである。

生物学には、生命現象におけるリズムをあつかう「時間的リズムの生物学」と呼ぶべき分野がある。しかし、私がこのような現象に興味をもちだしたのは、むしろ、音楽や文学、認識の問題を通してリズムの不思議さに心を動かされたからである。したがって、私は、「時間的リズムの生物学」における研究成果をおおいに参考にさせていただいたが、もう少し、広くリズムの問題を考えてみたいと思った。

生命現象にみられる繰り返し現象と対象をかぎってみても、それはあまりにも多種多様であり、全部を網羅することはできない。しかし、おもな現象を拾い上げて、その本質を考えてみるだけでも、宇宙の中の繰り返し現象を考える手がかりをあたえてくれるのではなかろうか。それは、私たちの生存の本質とかかわる問題であり、意識の根元ともかかわる問題を含むと私には思えるのである。

私たちが繰り返し現象をどのように認識しているかということは、興味深い問題であるが、脳科学の現状では、この問題をあまり深く論ずることはできない。しかし、どのような可能性があるかということを現在得られている事実から考えてみることはできる。

私たちは、繰り返し現象に安心感をもつとともに、心のどこかで変化をも求めている。揺らぎに対するあこがれである。はかないもの、二度と起こらないことへの憧憬は美意識にまで高められるのではなかろうか。繰り返しという身の回りに普遍的に起こっている現象さえも、深く見つめていくと、人間という存在の本質的な部分を垣間見せてくれるかも知れない。

そのような生命観を読者の皆さんとわかち合えることを心から願っている。リズムは宇宙の中のほとんどすべての事柄と関連しているので、私一人の力で書き尽くすことはとうていできない。ここに書いたことが、読者の皆さんの思索を刺激してくれれば、この本を書いた目的は達せられると私は考えている。

私としては、できるかぎりの努力をしたつもりであるが、話題が広範にわたるため、私の思いちがい、不勉強な点があるかも知れない。そのような点について読者からお教えいただければ幸いである。

最後に、本書の内容についてともに考え、貴重なご意見を述べて下さった編集部の石川昴氏に感謝申し上げる。

一九九四年五月

柳澤桂子

学術文庫版あとがき

私は音に、ひどく敏感な子供だった。人が気にしない遠くの音もいつもはっきりと聞こえていた。いろんな音のなかで一番好きな音はピアノの音、ピアノの音が聞こえてくると、居ても立ってもいられずに、その音源の方に向かって走ったりした。走ったというよりも転がっていったと言うべきかもしれない。泥だらけの道も耕された畑のなかも夢中で駆け抜けたものだ。

長雨が続いたある日、父は何やら材料を運びこんで蓄音機を組み立て、レコードを沢山買ってくれた。童謡が多かったが、私は子守唄を好んで聴いた。子守唄のメロディーには暗く淋しげなものが多かったが、その基底に流れているリズムに惹かれたのだった。

赤ちゃんを背負った母親が子守唄を唄いながら自分のからだでリズムをとり、後ろ手で赤ちゃんの背中を軽く叩く。すると赤ちゃんはそのリズムに反応して安堵し、眠りについていく。そうした情景を想い浮かべるとき、リズムがなぜ、赤ちゃんの心を安らかにして眠りにつかせるのかと私は不思議に思った。これが私に、リズムに興味をいだかせた最初の切っ掛けだった。

だが、リズムの効用を私自身実感したのは、そのずっと後、大人になってからである。

私は32歳のとき子宮内膜症と言われ、開腹手術を受けた。術後あまり痛みが長く続くので、手術をしてくれた医師にそう訴えた。すると「気のせいだろう」と、精神科へ行くように言われた。精神科へ行くと「全くどこも悪くない」と外科へ戻された。納得がいかないので病院を変えてみたが結果は同じで、腹痛は治らず、激痛が続いた。

ある時、救急車で病院へ運ばれる途中、あまりの痛みに耐えられなかった私は思わず、「ダルマさんが転んだ　ダルマさんが転んだ」と口の中でつぶやき続けていたのだ。なぜその時、そんなことを言ったのか理由はよく分からない。しかし、病院に着いた時には、不思議に痛みがかなり和らいでいることに気がついたのだ。私にはその言葉が痛みを和らげる魔法の呪文のように思えた。

その後、「ダルマさんが転んだ」という言葉自体に痛みを和らげる効果がある訳ではなく、どんな言葉でもそれが口調よく繰り返せるものであれば、繰り返し唱えているとからだに何らかの効果があることが分かってきた。要するに、言葉を繰り返し唱えること自体に、呪文としての効果があったのである。

考えてみると、繰り返しのリズムが私たちの心に、様々な効果を与えてくれていることは、日常の生活の中に沢山ある。例えば、行進曲のリズムを聞くと心が躍るし、太鼓の響きに陶酔したりする。韻を踏んだ詩を読むだけでもなぜか陶然となったりするのである。口調のよい短い言葉の繰り返しが人の気持ちを落ち着かせ、痛みを和らげても少しも不思議なことではないだろう。

脳内には鎮痛作用をもつモルヒネの様な物質が沢山あることが知られており、脳の特定の場を刺戟すると、それらが分泌されて痛みを抑えることがよく分かっている。口調の良い短文を繰り返し唱えると、あるいは脳内に、こうした痛みを抑える物質が分泌されて、痛みが抑制されるのかもしれない。

リズムの効用を実感してから、長い歳月が過ぎた。私は齢を重ねて今、別の痛みに悩まされている。心臓の痛みである。心臓は普通、一分間に70〜80回のリズムで拍動を続けているが、周りの環境の変化に応じて速く打ったり遅く打ったりしている。拍動が遅くて60回、速くて100回の範囲に収まっている間はよいが、この頃の私は、毎分150回から200回にもなり、しかも不整脈が生ずるようになってきた。原因はよく分からないが、ストレスによるものと思われる。気圧のストレス、温度変化のストレス、仕事のストレスなどで、すぐに頻脈性の不整脈が起こる。まず心臓がドキドキしてきたかと思うと息が苦しくなり、そのうちに頭のなかが白くなって意識が遠のいてくる。なかなか辛い。しかし残念なことに、この症状には「ダルマさん」の呪文は全く効かないのだ。悲しい。

今まで述べてきたように、私はリズムに魅せられて、以前『いのちとリズム』という本著を出版した（中央公論社、１９９４年）。そのなかでリズムの存在を天体の動きから人間、さらに微生物の動きなどまで例示し、リズムの普遍性について論じた。リズムはこの世界に存在する、あらゆる物質の構造を維持、そこに起こるさまざまの事象の秩序を保持しているかのようであると。人々はさまざまなリズムを理解することによって先を予見、予測して安心した生活を送ることができるのであると。

たまたまこの小著が講談社の原田美和子氏の目にとまって、励ましのお言葉をいただいた。原田氏は「私がこの本を知ったときの喜びを、より多くの人々にも知って欲しい」と言われた。とても嬉しく、光栄に思い、心から感謝した。原田氏に厚くお礼を申し上げたい。有難うございます。

二〇二一年一二月

柳澤桂子

"Cellular Mechanisms of a Synchronized Oscillation in the Thalamus", M. von Krosigk, *Science*, Vol. 261：361（1993）
"Thalamocortical Oscillations in the Sleeping and Aroused Brain", M. Steriade et al., *Science*, Vol. 262：679（1993）
"Calcium Sparks：Elementary Events Underlying Excitation-Contraction Coupling in Heart Muscle", H. Cheng et al., *Science*, Vol. 262：740（1993）
『非線形科学』吉川研一著，学会出版センター（1992）
Oscillations and Traveling Waves in Chemical Systems, Eds. R. J. Field and M. Burger, John Wiley and Sons（1985）
"cGMP mobilizes intracellular Ca^{2+} in sea urchin eggs by stimulating cyclic ADP-ribose synthesis", A. Galione et al., *Nature*, Vol. 365：456（1993）
"The GABAergic nervous system of *Caenorhabditis elegans*", S. L. McIntire et al., *Nature*, Vol. 364：337（1993）
"Turning on Mitosis", A. W. Murray, *Current Biology*, Vol. 3：291（1993）
"Gene Expression and the Cell Cycle：A Family Affair", B. J. Andrews and S. W. Mason, *Science*, Vol. 261：1543（1993）
"A Role for the Transcription Factors Mbp1 and Swi4 in Progression from G1 to S Phase", C. Koch et al., *Science*, Vol. 261：1551（1993）
『生命の誕生と進化』大野乾著，東京大学出版会（1988）
『ワンダフル・ライフ』S. J. グールド著，渡辺政隆訳，早川書房（1993）
『複雑性の探究』G. ニコリス，I. プリゴジン著，安孫子誠也・北原和夫訳，みすず書房（1993）
『生命を捉えなおす』清水博著，中公新書（1978）
『認識の生物学』R. リードル著，鈴木達也・鈴木直・鈴木洋子訳，思索社（1990）
『エンドルフィン』C. F. レヴィンソール著，加藤珪・大久保精一訳，地人書館（1992）
Music and the Mind, A. Storr, Free Press（1992）

参考文献*

＊1994年3月31日，原稿執筆終了時までの文献による．

『生命のリズム』A. レンベール，J. ガーター著，松岡芳隆・松岡慶子訳，白水社（1960）

『脳のなかの時計』川村浩著，日本放送出版協会（1991）

『生物時計』A. T. ウインフリー著，鈴木善次・鈴木良次訳，東京化学同人（1992）

『動物たちの地球』朝日新聞社（1991-1994）

Molecular Genetics of Biological Rhythms, Ed. M. W. Young, Marcel Dekker, Inc.（1993）

"Circadian clocks à la CREM", J. S. Takahashi, *Nature*, Vol. 365：299（1993）

"Adrenergic signals direct rhythmic expression of transcriptional repressor CREM in the pineal gland", J. H. Stehle et al., *Nature*, Vol. 365：314（1993）

"Phase shifting of the circadian clock by induction of the *Drosophila period* protein", I. Edery et al., *Science*, Vol. 263：237（1994）

"Loss of circadian behavioral rhythms and *per* RNA oscillations in the *Drosophila* mutant *timeless*", A. Sehgal et al., *Science*, Vol. 263：1603（1994）

"Block in nuclear localization of *period* protein by a second clock mutation, *timeless*", L. B. Vosshall et al., *Science*, Vol. 263：1606（1994）

『夢を見る脳』鳥居鎮夫著，中公新書（1987）

『脳と情動』堀哲郎著，共立出版（1991）

『脳の進化』J. C. エックルス著，伊藤正男訳，東京大学出版会（1990）

『カルシウムと細胞情報』小島至著，羊土社（1992）

Molecular Biology of the Cell, J. D. Watson et al., Garland Publishing Inc.（1989）

「脳波の出所と脳磁波」沼田寛，『科学朝日』8月号：22（1993）

KODANSHA

本書は、一九九四年一〇月に中公新書より刊行された
『いのちとリズム　無限の繰り返しの中で』を改題したものです。

柳澤桂子（やなぎさわ　けいこ）

1938年，東京都生まれ。お茶の水女子大学卒業。コロンビア大学大学院修了。Ph.D.（遺伝学専攻）。お茶の水女子大学名誉博士。生命科学者，サイエンス・ライター。著書に『脳が考える脳』『遺伝子医療への警鐘』『生と死が創るもの』『いのちの始まりと終わりに』『患者の孤独　心の通う医師を求めて』『生命の秘密』『われわれはなぜ死ぬのか』など多数。

講談社学術文庫

定価はカバーに表示してあります。

リズムの生物学《せいぶつがく》

柳澤《やなぎさわ》桂《けい》子《こ》

2022年3月8日　第1刷発行

発行者　鈴木章一
発行所　株式会社講談社
東京都文京区音羽2-12-21 〒112-8001
電話　編集（03）5395-3512
販売（03）5395-4415
業務（03）5395-3615
装　幀　蟹江征治
印　刷　豊国印刷株式会社
製　本　株式会社国宝社
本文データ制作　講談社デジタル製作

ISBN978-4-06-527067-7

「講談社学術文庫」の刊行に当たって

これは、学術をポケットに入れることをモットーとして生まれた文庫である。学術は少年の心を養い、成年の心を満たす。その学術がポケットにはいる形で、万人のものになることは、生涯教育をうたう現代の理想である。

こうした考え方は、学術を巨大な城のように見る世間の常識に反するかもしれない。また、一部の人たちからは、学術の権威をおとすものと非難されるかもしれない。しかし、それはいずれも学術の新しい在り方を解しないものといわざるをえない。

学術は、まず魔術への挑戦から始まった。やがて、いわゆる常識をつぎつぎに改めていった。学術の権威は、幾百年、幾千年にわたる、苦しい戦いの成果である。こうしてきずきあげられた城が、一見して近づきがたいものにうつるのは、そのためである。しかし、学術の権威を、その形の上だけで判断してはならない。その生成のあとをかえりみれば、その根は常に人々の生活の中にあった。学術が大きな力たりうるのはそのためであって、生活をはなれた学術は、どこにもない。

開かれた社会といわれる現代にとって、これはまったく自明である。生活と学術との間に、もし距離があるとすれば、何をおいてもこれを埋めねばならない。もしこの距離が形の上の迷信からきているとすれば、その迷信をうち破らねばならぬ。

学術文庫は、内外の迷信を打破し、学術のために新しい天地をひらく意図をもって生まれた。文庫という小さい形と、学術という壮大な城とが、完全に両立するためには、なおいくらかの時を必要とするであろう。しかし、学術をポケットにした社会が、人間の生活にとってより豊かな社会であることは、たしかである。そうした社会の実現のために、文庫の世界に新しいジャンルを加えることができれば幸いである。

一九七六年六月

野間省一